서강 육군력 총서 **2**

서강대학교 육군력연구소 기획
이근욱 엮음
고봉준·마틴 반 크레벨드·이근욱
이수형·이장욱·케이틀린 탈매지 지음

미래 전쟁과
육군력

한울
아카데미

이 연구의 초고는 서강대학교 육군력연구소에서 개최한 제2회 육군력 포럼 '미래 전쟁과 육군력'(2016.6)에서 발표되었습니다.

이 도서의 국립중앙도서관 출판예정도서목록(CIP)은 서지정보유통지원시스템 홈페이지(http://seoji.nl.go.kr)와 국가자료공동목록시스템(http://www.nl.go.kr/kolisnet)에서 이용하실 수 있습니다. (CIP제어번호: CIP2017013339)

이 책은 2016년 6월 '미래 전쟁과 육군력'이라는 제목으로 개최되었던 제2회 육군력 포럼의 발표 논문을 묶은 것입니다. 즉, 이것은 포럼의 성과이자 기록입니다. 2015년 제1회 육군력 포럼의 성과는 2016년 6월 출간되었던 『21세기 한국과 육군력: 역할과 전망』으로 출간되었으며, 이번에 출간되는 책은 그에 이은 제2회 포럼의 성과물입니다.

　제1회 포럼의 주제는 2015년 시점에서 한국 육군의 상황을 학문적으로 진단하는 것이었다면, 제2회 포럼은 미래 전쟁에 대한 분석과 정치/군사적 변화 문제를 다루었습니다. 지금 현재 시점에서는 이와 같은 민간 주도의 그리고 독립적인 연구 성과를 찾아보기 어렵습니다. 하지만 이러한 상황 자체는 변화될 필요가 있으며, 이를 위해서 향후 육군력 포럼과 그 성과를 지금과 같이 총서 형태로 출판하는 노력이 필요합니다.

　지금 현재 육군력 포럼은 육군의 지원에 의해 진행되고 있습니다. 하지만 연구 주제의 선정과 방향 그리고 발표 논문의 내용 등은 완전히 독립적으로 이루어집니다. 이러한 독립성은 장기적으로 한국에서의 안보연구와 이를 담당할 민간 전문가 집단, 그리고 한국 육군의 장기적 발전을 위해서는 필수적인 요소입니다. 이와 같은 '균형'은 유지되기 쉽지 않습니다. 하지만 '균형'을 유지하는 것은 지극히 중요하며, 이를 위해서는 포럼을 담당하는 집단 내부에서의 상호 신뢰가 절대적으로 필요합니다. 그리고 지금까지 이러한 신뢰는 작동하였으며, 앞으로도 이러한 신뢰는 유지될 것입니다.

이를 통해 우리는 민간 부분에서 군사/안보 문제를 다룰 수 있는 전문가 집단을 육성해야 합니다. 군사/안보 부분은 국가의 문제이며, 군(軍)이라고 하는 국가 전문가 집단에 국한되어서는 안 됩니다. 국가 전체가 집중해야 하는 사안이며, 이를 위해서는 민간 부분에서 해당 사안에 대해 전문적인 지식과 연구 경험을 가진 집단이 필요합니다. 그리고 이러한 민간 부분의 전문성 육성 필요성에 대한 공감대 덕분에, 지금과 같은 육군력 포럼과 그 성과물인 육군력 총서가 출판될 수 있었습니다.

이번 책이 햇빛을 볼 수 있었던 것은 그 과정에서 있었던 많은 분들의 노력과 도움 덕분이었습니다. 우선 대한민국 육군을 대표하여 장준규 육군참모총장님께 감사드립니다. 장준규 대장님의 도움은 제2회 육군력 포럼이 진행될 수 있었던 원동력이었습니다. 포럼에 대한 지원을 아끼지 않으셨던 김현종 장군님께도 감사드립니다. 제2회 포럼을 도와주셨던 이경구 장군님과 표창수 대령님에게도 감사드립니다. 무엇보다 프로젝트가 진행되는 과정에서 실무를 담당하셨던 김선근 중령님께 감사드립니다. 김선근 중령님 덕분에 포럼은 가능했습니다.

한울엠플러스(주)는 촉박한 일정에도 이 원고를 훌륭한 단행본으로 만들어 출판해주었습니다. 김종수 사장님, 경영기획실 윤순현 차장님, 그리고 편집부와 디자인실의 실무진이 수고해준 덕분에 이 책의 발행이 가능했습니다.

서강대학교에서도 많은 분들이 도와주셨습니다. 특히 제2회 포럼에서 축사를 해주셨던 유기풍 전임 총장님께 감사드립니다. 서강대학교 정치외교학과 동료 교수님 또한 익숙하지 않은 육군력 포럼에도 불구하고 많이 도와주셨습니다. 제2회 포럼에서 발표와 토론을 맡아주셨던 여러 선생님들에게도 감사드립니다. 무엇보다 포럼 운영에서 실무를 해주었던 여러 대학원생들에게 감사드립니다. 김선영, 신지연, 이연주, 정결 씨 등의 노력이 없었더라면 업무 진행은 불가능했을 것입니다. 감사합니다. 무엇보다도 제1회 포럼에서와 마찬가지로 노진국 씨의 희생과 노력은 대단했습니다. 그 은혜 잊지 않겠습니다.

차례

제1부
미래와 전쟁, 그리고 군사력

제2부
한국 육군과 미래 전쟁

이 책은 2016년 6월 21일 국방컨벤션 센터에서 개최된 제2회 육군력 포럼에서 발표된 원고에 기초하고 있다. 해당 포럼의 주제는 '미래 전쟁과 육군력'이었으며, 기조연설은 이스라엘 히브리 대학의 반 크레벨드(Martin van Creveld) 교수가 담당하여 '군사혁신: 미래를 위한 개념적 접근'이라는 주제를 검토하였다. 제1세션에서는 '미래와 전쟁, 그리고 군사력'이라는 주제로, 그리고 제2세션에서는 '한국 육군과 미래 전쟁'을 주제로 하여 해외학자를 포함한 총 다섯 명의 학자가 논문을 발표하였다.

그렇다면 이러한 포럼 주제는 왜 중요한가? 즉 '미래 전쟁과 육군력'이라는 대주제는 어떠한 이유에서 선정되었는가? 그리고 개별 세션에서 다루었던 소주제는 어떠한 이유에서 선정되었는가? 이와 같은 주제의 성격과 필요성에 대한 논의는 연구 내용이 제시되기 이전에 반드시 논의되어야 한다.

I. 대주제: 미래 전쟁과 육군력

제2회 육군력 포럼의 대주제는 '미래 전쟁과 육군력'이다. 이러한 주제가 던지는 질문은 무엇인가? 그리고 이것은 왜 중요한가? '미래 전쟁'은 모든 군사조직이 직면하게 되는 핵심 문제이며, 한국 육군 또한 이러한 '미래 전쟁'의 문제를 해결해야 한다. 미래 전쟁에 대한 분석은 매우 어려우며, 많은 군사조직이 이를 예측하는 데 실패하였다. 타성에 젖은 군사조직은 미래는 과거와 동일할 것이라고 예상하고 행동하며, "군인들은 항상 바로 지난번 전쟁을 싸운다"는 경구(警句)는 미래 전쟁을 예측하는 데 실패한 군사조직에 대한 지적이다.

그렇기 때문에 미래를 예측하는 것은 중요하다. 최선의 결과는 전쟁 자체를 방지하는 것이겠지만, 전쟁을 방지하는 데 실패한다면 우리는 전쟁에서 승리해야 한다. 그렇다면 우리가 수행해야 하는 '다음 번 전쟁'은 과연 어떠할 것인가? 바로 이것이 미래 전쟁의 중요성이다. 모든 군사조직은 미래 전쟁을 예측하기 위해 노력하며, 노력해야 한다. 하지만 미래 전쟁, 특히 미래를 예측하는 것은 다음과 같은 두 가지 이유에서 쉽지 않다.

첫째, 미래는 기본적으로 불확실하다. 현재 상황이 그대로 유지되지 않을 가능성이 높지만, 상황이 변화한다고 해서 우리가 직면하게 되는 미래가 ─ 우리가 관심을 가지고 있는 미래가, 예를 들어 미래 전쟁이 ─ 변화할 것인가에 대해서는 알 수 없다. 미래는 현재와 다르겠지만, 그렇게 달라진 부분이 과연 우리가 분석하고자 하는 전쟁에서 커다란 변화를 초래하는지에 대해서는 확신할 수 없다. 그리고 미래 자체가 크게 변화하지 않을 수 있으며, 실제 역사의 많은 부분에서 장기적으로는 몰라도 중기 또는 단기적으로 큰 변화가 있었던 시기는 많지 않다. 오히러 많은 변화를 예측했지만, 그 변화 자체가 일어나지 않거나 변화의 방향 자체가 예측과는 다르게 이루어지는 경우 또한 흔하다.

둘째, 전쟁 문제에서 변화를 예측하는 것은 더욱 어렵다. 이것은 전쟁에서 상대방은 무생물이 아니라 우리와 같은 생명체이기 때문이다. 우리가 바위를 때리려고 하면, 바위는 피하거나 우리를 공격하려고 하지 않는다. 움직이지 않으면서 우리의 '공격'에 대응하지 않는다. 하지만 전쟁에서의 우리가 직면하는 상대방은 바위가 아니라, 우리와 동일한 인간으로 구성된 국가이다. 우리의 적(敵)은 우리의 공격을 피하며, 우리를 역습하기 위해 최선을 다한다. 그렇기 때문에 전쟁에서는 미래를 예측하기가 더욱 어렵다. 특히 우리가 미래 전쟁을 정확하게 예측한다면 그래서 미래의 불확실성을 상당 부분 걷어내었다면, 우리의 적은 새로운 불확실성을 만들어내고 우리가 예측한 방향으로는 움직이지 않는다. 즉 우리의 성공은 우리의 좌절로 이어지며, 우리의 상대방은 우리를 좌절시키기 위해 최선을 다한다. 이와 같은 역설(paradox) 때문에 미래 전쟁에 대한 예측은 끝없이 이어진다.

여기서 문제가 발생한다. 미래 전쟁에 대한 예측은 중요하지만, 그것은 쉽지 않다. 그리고 상황은 계속해서 변화하고 동시에 우리가 상대하는 적은 상황을 계속해서 변화시키기 때문에 그 예측은 더욱 힘들어진다. 바로 이러한 이유에서 미래 전쟁에 대한 예측에는 지금보다는 많은 관심이 필요하며, 보다 많은 노력이 요구된다. 그리고 이것은 매우 중요한 사안이기 때문에 한국 사회가 가지고 있는 자원을 가능한 한 많이 활용해야 한다. 제1차 세계대전에서 프랑스의 지도자였던 클레망소(Georges Clemenceau)는 "전쟁은 너무나도 중요하기 때문에 군인들에게만 맡겨둘 수 없다"고 주장하였다. 이것을 약간 바꾸자면, 다음과 같은 주장이 가능하다. "미래 전쟁을 예측하는 것은 너무나도 중요하기 때문에 군사조직에게만 맡겨둘 수 없다."

II. 소주제 1: 미래와 전쟁, 그리고 군사력

'미래 전쟁과 육군력'이라는 대주제 아래 제2회 육군력 포럼이 다루었던 첫 번째 소주제는 '미래와 전쟁, 그리고 군사력'이었다. 대주제에 대한 논의에서 살펴보았듯이, 미래를 예측하는 것은 특히 미래 전쟁을 예측하는 것은 쉽지 않다. 하지만 미래 전쟁을 예측하고 이를 대비하는 것은 모든 군사조직의 숙명이며, 그 과정에서 끝없이 변화하면서 역동적인 균형을 유지해야 한다.

그렇다면 전쟁과 관련된 미래를 어떻게 파악할 수 있을 것인가? 우선, 전쟁이 수행되는 미래 세계의 정치적 환경 변화와 관련된 예측이 필요하다. 전쟁은 그 자체로서 독립적으로 존재하는 것이 아니라 정치의 연장이며, 정치적 목표를 달성하기 위한 수단이다. 미래 세계의 정치적 환경에 따라서 그 세계에서 나타나는 전쟁의 형태와 방식, 그리고 군사력 사용 범위와 전쟁의 지리적 범위 등이 결정된다.

한편, 정치적 환경 변화와는 무관하게 군사기술적 수준에서 결정되는 전쟁의 양상이 있다. 이와 같은 변화는 많은 경우에 군사기술의 발전에 의해 이루어지며, 무기의 변화와 그에 따른 군사조직의 변화 그리고 전술의 변화 등을 가져온다. 그럼에도 군사기술의 발전이 군사력 증강으로 이어지기 위해서는 또 다른 정치적 역학관계를 거치게 된다. 비민주주의 국가의 전장 효율성 문제는 지금까지 거의 다루어지지 않은 사안이지만, 민주주의 한국의 경우에서는 앞으로 직면할 전쟁 또는 위기 상황에서는 핵심적으로 부각될 문제이다.

즉 미래와 전쟁, 그리고 군사력이라는 주제에서는 일반론적 차원에서 미래 전쟁을 예측하는 데 우리가 고려해야 할 사안들을 검토하였다. 이러한 일반론적 검토는 미래 세계 자체가 변화하며 동시에 우리가 상대하는 적이 의도적으로 그 변화와 불확실성을 증폭시키기 때문에 더욱 필요하다. 특정 상황에 집중한 분석이 그 상황 자체에 대한 예측력에서는 탁월하지만, 그 상황 자체가 변화하거나 상대방이 상황을 변화시키는 경우에는 예측력이 떨어질 수밖에 없다. 그렇기 때문에 우리는 일반론적인 논의가 필요하며, 미래 전쟁을 예측하고 군사력을 문제를 이해하는 데 작용하는 여러 변수들을 파악해야 한다.

III. 소주제 2: 한국 육군과 미래 전쟁

그렇다면 한국 육군은 미래 전쟁을 어떻게 준비해왔는가? 이러한 문제는 크게 둘로 나뉜다. 첫째, 지금까지 한국 육군이 미래 전쟁을 대비하였던 역사적 궤적이다. 한국 육군의 현재는 과거에 만들어졌으며, 한국 육군의 현재는 한국 육군의 미래를 결정할 수 있다. 바로 이러한 이유에서 우리는 한국 육군의 군사혁신과 그 과정을 파악해야 한다. 물론 과거와 현재가 미래의 모든 것을 결정하지는 않으며, 지금부터의 노력이 미래의 군사력을 결정한다. 하지만 과거와 현재는 미래로 도약하는 과정에서 필요한 여러 가지 사항과 기반을 제시하며, 미래를 향한 도약은 바로 이러한 기반에서 출발한다.

둘째, 그렇다면 앞으로 한국 육군은 어떻게 발전해야 하는가? 미래 전쟁이라는 측면에서 한국 육군이 필요로 하는 것은 무엇인가? 여기에는 두 가지 사안이 존재한다. 하나는 육군 독자적인 비대칭 전력 구축의 필요성과 방향이다. 이것은 북한이 비대칭 전력을 증강하는 과정에서 한국 또는 한국 육군이 마련할 수 있는 대응책에 대한 모색이다. 현재까지 해군과 공군 중심으로 비대칭 전력 구축 문제가 논의되었으나, 육군의 관점에서 그리고 보다 일반론적 관점에서 비대칭 전력의 구축 문제는 깊이 있게 논의되지 않았다.

또 다른 사안은 전투실험의 문제이다. 모든 군사혁신은 실패 가능성을 가지고 있다. 군사혁신 자체가 기본적으로 새로운 것을 만들어 내는 것이므로, 혁신 과정에서 불확실성 자체는 증가할 것이며 많은 위험이 존재하게 된다. 그렇다면 이러한 실패 가능성을 줄이기 위해서는 어떠한 조치가 필요한가? 그리고 이를 위해서 전투 실험은 어떠한 역할을 수행할 수 있는가?

'한국 육군과 미래 전쟁'이라는 소주제에서 논의되었던 사안들을 일반론적 사안이라기보다는 대한민국 상황에 특화된 논의이며, 특히 북한이라는 상대방이 존재하는 상황에서 등장하는 여러 분석의 결과이다. 이것은 이론적이고 추상적이기보다는 정책적이며 현실적인 사안에 대한 논의이다. 그렇기 때문에 보다 현실감이 있으며, 현재 한반도 상황에서 더욱 절실하며 적실하다.

그러나 우리가 잊지 말아야 하는 것은 미래는 변화하며, 우리의 적은 변화하는 미래를 더욱 빨리 그리고 자신들에게 유리한 ― 우리에게는 불리한 ― 방향으로 변화시키려고 한다는 사실이다. 바로 이러한 이유 때문에 우리는 안주할 수 없다. 우리는 끝임없이 노력해야 한다. 미래를 예측하고 미래에 대비해야 한다. 방향성 없이 그냥 '열심히' 노력하는 것이 아니라 방향성을 가지고 미래의 변화를 주도하면서, 우리의 상대방이 의도적으로 왜곡하는 불확실성과 변화를 극복하면서. 그 노력은 매우 오랜 기간 계속될 것이다. 어느 누구의 예상보다도 오래 지속될 것이며, 이에 대한 정치적 의지를 다져야 한다. 이것이 현실이다.

미　래
전 쟁 과
육 군 력

제1부

미래와 전쟁,

그리고 군사력

군사력이 필요한 이유는 미래 전쟁을 수행하는 것이다. 국가에 따라 상황은 다르지만, 현실에서 존재하는 대부분의 국가는 외부 위협에 직면한다. 그 위협은 우리 한국과 같이 현실화되어 '주적(主敵)' 수준으로 확대되기도 하지만, 다른 국가들은 잠재된 위협에만 직면한다. 하지만 개별적인 위협 상황에서 모든 국가는 미래 전쟁에 대비하며 이를 위한 수단으로 군사력을 건설한다. 그렇다면 미래 전쟁을 어떻게 이해할 수 있는가? 이것이 제1부에서 등장하는 핵심 질문이다.

이러한 질문은 다음과 같은 세 가지 부분으로 나눌 수 있다. 우선, 미래를 이해하는 데 필요한 불확실성의 제거 문제이다. 미래는 항상 불확실하다. 그리고 전쟁에서 상대방은 우리의 행동에 반응하지 않는 고정된 무생물이 아니다. 전쟁에서 상대방은 우리의 행동에 반응하며, 우리를 속이려고 하고 우리가 직면한 상황을 더욱 불확실하게 만들려고 하는 생명체이다. 따라서 전쟁과 관련된 미래를 분석하는 것은 쉽지 않다. 그렇다면 과연 불확실성을 제거하는 것은 가능한가?

둘째, 전쟁과 관련된 미래에 대한 불확실성은 단일하지 않다. 전쟁과 관련된 미래는 전쟁이 수행되는 세계의 변화에 대한 것과 전쟁을 수행하는 수단 및 기술의 변화에 대한 것으로 나눌 수 있다. 첫 번째 미래를 '미래의 전쟁'이라고 부를 수 있으며, 이것은 '정치적 목표 달성을 위한 수단'으로 전쟁을 파악할 때, 전쟁을 수행해야 하는 목표 및 정치적 환경의 변화와 관련된다. 두 번째 미래는 '전쟁의 미래'로, 이것은 전쟁 수행에 필요한 군사기술과 무기 등의 변화와 관련된다. 이렇게 전쟁과 관련된 미래를 두 개로 구분한다면, 우리는 미래를 보다 체계적으로 파악할 수 있다.

세 번째 사안은 상대방과 관련된 미래 및 불확실성이다. 모든 미래는 불확실하지만, 일부의 미래 또는 일부의 불확실성에 대해서 우리는 상대적으로 많은 것을 알고 있다. 우리 한국이 민주주의 국가인 이상 우리의 군사적인 적대국은 비민주주의 국가이며, 따라서 우리는 민주주의 국가와는 다른 비민주주의 국가의 군사력과 그 전장 효율성에 대해서 상대적으로 많은 것을 알고 있다. 즉 우리가 직면하는 여러 불확실성 가운데 우리는 상대방의 정치체제에 대해 알고 있으며, 그 정치체제가 — 특히 비민주주의 정치체제가 — 해당 국가의 군사력과 전장 효율성에 미치는 영향을 파악할 수 있다.

그렇다면 우리는 미래를 어떻게 파악할 수 있는가? 모든 미래가 불확실하지만, 미래의 불확실성을 어느 정도까지 통제하고 제거 또는 완화할 수 있는가? 그리고 어떻게 행동해야 하는가? 이것은 매우 중요한 사안이다.

제1장

전쟁과 군사력, 그리고 과거와 미래

이근욱

1 | 서론

미래를 예측하는 것은 쉽지 않다. 미래는 항상 변화하며, 미래를 예측하려는 인간의 의도는 많은 경우에 실패하였다. 예를 들어, 주식 시장에서 기업의 현재 가치를 가늠하려는 행동조차 이를 위해 투입되는 자원과 노력에 비해 성과는 미약하며, 개별 기업의 미래 가치를 측정하려는 노력은 대부분 실패하였다. 또한 주식시장에 대한 사람들의 개별적인 예측 또한 상반된 내용으로 갈린다. 일부는 가격이 오른다고 생각하며 다른 사람들은 가격이 내려간다고 본다. 이와 같이 상반된 예측 덕분에 주식 시장에서는 주식을 팔려는 사람과 사려는 사람이 동시에 존재하며, 거래가 성립된다. 모두의 예측이 동일한 방향으로 이루어지면 거래량 자체가 줄어들며, 가격 자체가 형성되지 않는다.

안보 측면에서 이러한 어려움을 가장 잘 표현하는 것은 "군인은 항상 바로 지난번 전쟁을 싸운다(Generals Always Fight the Last Wars)"는 말일 것이다. 모든 군인들은 미래에 자신들이 싸워야 하는 전쟁의 양 상과 형태에 대해 많은 관심을 기울인다. 하지만 이러한 노력과 관심 은 항상 성공하지 않는다. 기존의 전쟁과 동일한 전쟁이 등장하고 따 라서 미래를 예측하기 위한 많은 노력은 큰 의미를 가지지 못하는 경 우가 있다. 반면 전쟁 양상은 많이 변화하지만, 미래 전쟁에 대한 노 력과 준비가 부족하여 패배하는 경우도 존재한다. 또한 미래 전쟁을 위해 많은 노력을 기울이고 혁신 등을 시도하지만, 그 방향이 적절하 지 못하였기 때문에 실패한 경우도 있다.

이러한 부분에서 통상적으로 언급되는 사례는 1919년에서 1939 년 사이의 프랑스이다. 1차 대전에서 참혹한 인명 피해를 입었던 프 랑스는 독일과의 두 번째 전쟁에 대비하였고, 특히 인명 손실을 줄이 기 위해서 많은 노력을 기울였다.[1] 프랑스가 예상하였던 미래 전쟁은 1차 대전과 비슷한 형태의 참호전이었으며, 방어에 유리한 군사기술 이 더욱 발전하여 요새 지대에 대한 정면 공격은 성공할 수 없으며 자 살행위에 가까울 것이라고 보았다. 따라서 독일과의 국경지대에는 대 규모 요새를 건설하고 중요 부분은 지하화하여 자신의 인명피해는 줄 이고 공격 측인 독일에게는 인명피해를 강요할 수 있다고 보았다. 이 러한 구상에서 만들어진 마지노선(Maginot Line)은 2차 대전에서는 아

---

[1]   프랑스의 1차 대전 전사자는 총 140만 명에 육박하였고, 영국·미국·프랑스·러 시아 등 연합군 전체 전사자인 542만 명의 25.8%를 차지하였다. Niall Ferguson, *The Pity of War: Explaining World War I* (New York: Basic Books, 1999), p. 337.

무런 기여를 하지 못하였다. 1940년 5월 독일은 마지노선을 우회하여 프랑스를 침공하였고, 1차 대전에서 무너뜨리지 못했던 숙적 프랑스를 6주 만에 굴복시키는 데 성공하였다.[2]

이러한 사례는 미래 전쟁에 대한 예측이 얼마나 어려운가를 보여주며, 동시에 미래 전쟁에 대한 전망이 가져올 수 있는 여러 문제점을 잘 보여준다. 당시 프랑스의 문제는 미래 전쟁을 예측하기 위해 노력하고 준비를 하지 않았다는 사실이 아니라, 미래 전쟁을 정확하게 예측하지 못하였다는 사실이었다. 프랑스는 미래 전쟁에 대비하였다. 다음 번 전쟁에서 자신이 싸우게 될 적국을 정확하게 파악하였지만, 그 적국과 싸우게 될 미래 전쟁의 양상을 정확하게 예측하지 못하였던 것이다. 전쟁의 양상 변화를 정확하게 예측하지 못하였지만, 엉뚱한 방향으로 군사력 건설에 많은 자원을 투입하였다. 이러한 측면에서 마지노선으로 대표되는 1920~1930년대 프랑스의 노력은 예측의 실패가 초래할 수 있는 자원 낭비와 전략적 실패, 그리고 정치적 재앙의 가능성을 잘 보여준다.

비들(Stephen Biddle)은 이러한 부분을 강조하고 있다. 정보기술의 등장으로 화력(火力)이 강화되고 정밀화되면서 무기가 더욱 치명적으로 변화하였지만, 이러한 변화가 전쟁의 양상을 혁명적으로 변화시킬

---

2   프랑스에 대한 독일의 승리는 여러 가지 측면에서 바라볼 수 있다. 이에 대한 일반적인 이해는 전차 중심의 전격전 능력을 동원한 독일이 방어에 치중한 프랑스를 격파하였다는 것이다. 하지만 1940년 독일의 승리에 대해서는 다음과 같은 해석이 있다. Ernest May, *Strange Victory: Hitler's Conquest of France* (New York: I.B. Tauris & Co., 2000) 그리고 Karl-Heinz Frieser, *The Blitzkrieg Legend: The 1940 Campaign in the West* (Annapolis, MD: Naval Institute Press, 2005). 두 번째 연구는 칼 하인츠 프리저 지음; 진중근 옮김, 『전격전의 전설』(서울: 일조각, 2007)으로 번역되었다.

것인가 아니면 점진적으로 바꾸고 있는가에 대해서는 아직 확실하게 답변하기 어렵다. 또한 방향감각을 상실한 혁신은 여러 가지 측면에서 많은 문제를 야기하며, 재앙을 가져온다.[3] 즉 미래 전쟁을 예측하는 것은 매우 어렵다. 하워드(Michael Howard)가 이야기하였듯이, 미래 전쟁의 모습을 예측하는 것은 매우 어려우며 차라리 미래 전쟁이 현실이 되었을 경우에, 상황을 수습할 수 있을 정도로 제한된 범위에서 오류를 저지르도록 노력하는 것이 오히려 중요하다.[4] 즉 어떠한 예측도 틀릴 수 있으며, 예측 방향 또한 문제를 야기하기 때문에 일단은 통제 가능한 범위에서 오류가 발생하며 일단 현실에 직면한 경우에는 가능한 한 빨리 수정할 수 있는 능력이 필요하다는 것이다.

그렇다면 우리는 미래를 어떻게 파악할 수 있는가? 특히 전쟁과 관련된 미래를 어떻게 분석하고 예측할 수 있는가? 미래 전쟁이 가지는 군사력 사용과 전쟁에 대한 논의는 어떻게 개념화할 수 있는가? 그리고 한국의 경우에서 미래 전쟁을 전망하기 위한 노력은 어떠한 형태로 이루어질 수 있는가? 이러한 것이 이 글이 다루고자 하는 핵심 질문이다.

이 글은 다음과 같이 구성된다. 2절에서는 전쟁과 군사력의 관계를 클라우제비츠(Carl von Clausewitz)의 관점에서 제시하면서, 미래 전쟁이 가지는 두 가지 측면을 '미래의 전쟁'과 '전쟁의 미래'로 분류하여 논의할 것이다. 3절에서는 과거의 경험에 기초하여 미래를 예측하려는 많은 시도가 실패하는 원인을 '안개'라는 개념을 통하여 살펴볼

---

3   Stephen Biddle, "The Past as Prologue: Assessing Theories of Future Warfare," *Security Studies,* Vol.8, No.1 (Autumn 1998), pp. 1~74.

4   The U.S. Army Operating Concept, *Win in a Complex World, 2020-2040* (October 2014), p. 31에서 재인용.

것이다. 4절은 전쟁 및 군사력 구축의 측면에서 미래 전쟁을 예측하는 데 필요한 변수 등을 논의할 것이다. 5절에서는 한국이 처한 현재 상황에서 미래의 전쟁과 전쟁의 미래가 어떻게 나타날 것인가를 분석할 것이며, 6절은 결론으로 전체를 정리하면서 추후 이루어져야 할 연구 주제들을 제시할 것이다.

2 | 전쟁과 군사력: 클라우제비츠와 미래 전쟁

전쟁 문제에 대한 가장 고전적인 논의는 클라우제비츠의 지적으로, "전쟁은 다른 수단으로 진행되는 정치의 연장"이라는 주장이다. 이러한 주장에 따르면, 전쟁은 정치적 목표를 달성하기 위한 수단이며, 군사력은 전쟁에서 사용하는 수단으로서 "정치적 목표 달성을 위한 수단"인 전쟁의 하급 수단이다.[5] 정치적 목표는 군사적 목표와 그러한 목표를 결정하는 데 사용되는 군사력의 양을 결정하며, 동시에 군사력이 사용되는 범위까지도 한정한다.

클라우제비츠의 논의는 미래 전쟁에 대한 예측에서 매우 중요한 함의를 가진다. 지금까지의 많은 논의에서 전쟁과 군사력이 가지는 정치적 측면이 간과되거나 안보환경에서 변화가 없이 현재와 동일한 안보환경이 유지될 것이라고 묵시적으로 상정되었다. 예를 들어, "군인들은 항상 바로 지난번 전쟁을 싸운다"라는 경구는 대부분의 군인들이 미래 세계에서 수행해야 하는 전쟁을 과거 세계에서 자신들이 수

---

5   Carl von Clausewitz, *On War,* trans. Michael Howard and Peter Paret (Princeton, NJ: Princeton University Press, 1976), pp. 75~99. Book 1 Chapters 1 and 2.

클라우제비츠
(Carl von Clausewitz, 1780~1831)

행하였던 전쟁과 동일하다고 판단하는 경우에 적합하다. 미래의 세계는 현재의 세계와 동일하다고 보며, 현재의 세계는 과거의 세계와 유사할 것이라고 본다. 이와 같이 세상이 크게 변화하지 않는다는 묵시적인 가정은 전쟁에 대비하는 과정에서 막강한 영향력을 행사한다. 이러한 논의에서 정치적 목표와 환경 변화 등은 전혀 논의되지 않는다.

전쟁과 군사력에 대한 논의는 전쟁을 결정하는 그리고 전쟁에서 사용되는 군사력의 양과 사용 범위를 결정하는 근본적인 요인인 정치적 목표를 도외시하고는 이루어질 수 없다. 따라서 미래 전쟁을 전망하기 위해서는 전쟁이라는 수단을 사용하게 되는 정치적 목표의 변화를 가장 우선적으로 고려해야 하며, 기타 사회·경제적 변화에도 관심을 기울여야 한다. 이러한 정치적 목표의 변화는 기본적으로 개별 국가가 직면하게 되는 국제정치의 구조에 의해 결정되며, 세력균형의 변화에 따른 주적(主敵)과 안보위협의 변화 등이 핵심적인 변수이다. 즉 정치적 목표에 대한 논의가 우선적으로 이루어져야 하며, 그 이후에 군사적 요인 및 군사력 사용에 대한 분석이 이루어져야 한다.

따라서 미래 전쟁에 대한 논의는 다음의 두 가지로 나뉜다. 첫째는 '미래의 전쟁(War of the Future)'으로, 전쟁이 수행되는 세계 자체의 변화에 따른 전쟁의 변화이며 미래 세계에서 개별 국가가 수행하게 되는 전쟁이다. 이러한 '미래의 전쟁'에서 중요한 사항은 수행하게 되는 전쟁의 양상과 상대방이다. "어떻게 싸우는가?" 그리고 "누구와 싸우는가?" 이것이 핵심적인 질문이다. '미래의 전쟁'에서 중요한 것은 전쟁 그 자체의 변화가 아니라 전쟁을 수행하게 되는 환경이며, 군사기술보다는 정치·사회·경제적 변화에 따라 나타나는 전쟁의 양상 또는 형태 변화에 초점을 맞춘다. 즉 "어떠한 전쟁을 수행하게 되는가"에 집중하는 예측이며, 군사력의 형태보다는 군사력 사용방식과 목표 그리고 상대방의 정체 등이 핵심 사안으로 부각된다. 새로운 환경에서는 이전과는 다른 상대방과 전쟁을 수행할 가능성이 있으며, 이전과는 다른 방식으로 군사력을 사용해야 할 가능성이 존재한다.

여기에서 군사기술에 입각한 무기 등의 변화는 부차적인 사안이며, 오히려 중요한 것은 정치적 환경의 변화이다. 이것은 클라우제비츠의 지적과 같이, "다른 수단으로 수행되는 정치의 연속"으로의 전쟁이 가지는 변화이며, "정치적 목표를 달성하기 위해 사용되는 수단"으로의 전쟁이 새로운 세계에서 사용되는 양상에 대한 것이다. 따라서 전쟁을 전망하기 위해서는 전쟁이라는 수단을 사용하게 되는 정치적 목표의 변화를 가장 우선적으로 고려해야 하며, 기타 사회·경제적 변화에도 관심을 기울여야 한다. 이러한 정치적 목표의 변화는 기본적으로 개별 국가가 직면하게 되는 국제정치의 구조에 의해 결정되며,

세력균형의 변화에 따른 주적과 안보위협의 변화 등이 핵심적인 변수이다. 단순히 군사기술 또는 무기의 변화에만 초점을 맞춘다면, '미래의 전쟁'을 정확하게 파악할 수 없다.

미래 전쟁과 관련된 두 번째 사항은 미래의 전쟁이 아니라 '전쟁의 미래(Future of War)'이다. 이것은 전쟁이 수행되는 세계의 변화에 대한 것이 아니라 전쟁 자체의 미래에 대한 사항으로, 군사기술에 의해 결정된다. '전쟁의 미래'는 새로운 무기 체계를 개발하고 이를 집중적으로 사용할 새로운 군사조직을 창설하는 국가의 노력과 연관된다. 여기서 중요한 요인은 군사기술 또는 군사용으로 사용할 수 있는 민간기술이며, 그 밖의 요인 예를 들어 정치 및 사회적 변수들은 핵심적인 사항이 아니다. 중요한 것은 기술의 발전이며, 특히 군사기술의 발전이다.

따라서 '전쟁의 미래'에서 중요한 질문은 군사조직이 사용할 무기에 관한 것이다: "무엇을 가지고 싸우는가?" 또는 "어떠한 무기를 가지고 싸우는가?" 이것이 가장 중요한 사항이다. 전쟁의 미래에 대비하기 위해서는 군사력 증강이 필요하며, 기술과 수량에서 새로운 군사력을 구축해야 한다. 즉 더욱 많은 예산을 투입하여 새로운 무기를 만들고 더욱 많은 그리고 더욱 강력한 군사력을 만들어내야 한다. 또한 새로운 무기를 전문적으로 사용할 조직을 창설하고 독자성을 부여하는 것이 중요하며, 이를 통해 군사혁신(military innovation)을 실현해야 한다.

군사혁신에 대한 많은 논의는 기술 발전과 무기 개발에 집중되어 있지만, 군사력의 측면에서 혁신은 '새로운 전투 병과(combat arms)의 창설'로 정의된다. 따라서 혁신이 성공하기 위해서는 새로운 군사기술을 전문적으로 사용할 병과가 만들어지고 조직의 변화가 군사력 전반에 영향을 미쳐야 한다.[6] 이를 통해 전술적인 차원에서 혁신이 필

표 1-1
미래 전쟁의 두 가지 측면

	미래의 전쟁	전쟁의 미래
핵심 사항	정치적 환경 변화	무기 변화
변화의 대상	변화된 미래 세계에서의 전쟁	전쟁 그 자체의 변화
결정요인	세력균형의 변화	군사기술의 변화
변화의 효과	전쟁 및 군사력 사용 형태	무기 및 군사조직의 변화
고려 사항	정치적 제약 조건 인정	정치적 제약 조건 무시
핵심 질문	어떻게 그리고 누구랑 싸우는가?	어떠한 무기를 가지고 싸우는가?

수적이며, 새로운 기술을 새로운 방식으로 사용할 방법이 마련되어야 하며, 이에 기초하여 기존 군사력 구조와 편제 그리고 훈련 등 또한 변화되어야 한다. 이러한 측면에서 많이 강조되는 사례가 전차(tank) 사용이다. 전차를 처음으로 사용한 국가는 1916년 영국이었지만, 전차를 가장 효율적으로 사용하였던 국가는 1940~1941년 독일이었다.

이러한 미래 전쟁의 두 가지 측면은 위 표 1-1과 같이 정리할 수 있다.

두 가지 측면에서 볼 때, 미래 전쟁은 어떠한 모습인가? 모든 국가는 전쟁과 관련된 미래를 예측하지만, 그 예측성과는 큰 차이를 보이며 같은 국가 또는 동일 군사조직에서도 '전쟁의 미래'와 미래의 전쟁을 예측하는 데서 상당한 차이가 발생한다. 전쟁과 관련된 두 가지 예측은 서로 다른 차원에서의 전망이며, 서로 독립적으로 이루어진다. 따라서 전쟁의 미래에 대해서는 정확하게 예측하고 새로운 무기

---

6   Stephen Peter Rosen, *Winning the Next War: Innovation and the Modern Military* (Ithaca, NY: Cornell University Press, 1991). 번역본으로는 스테판 피터 로젠, 권재상 옮김, 『장차전의 승리: 혁신과 현대군대』(서울: 간디서원, 2003)이 있다.

표 1-2
미래 전쟁의 두 가지 차원에서의 성공/실패 사례

		전쟁의 미래	
		성공	실패
미래의 전쟁	성공	A 걸프 전쟁 (1990~1991)	B 프랑스 마지노선 (1940)
	실패	C 미국의 이라크 전쟁 (2003~2007)	D 사담 후세인의 패배 (2003)

와 적절한 군사조직을 창설했다고 하더라도, 미래의 전쟁을 예측하는데 실패하는 경우도 있으며, 반대로 미래의 전쟁은 정확하게 전망하였지만 전쟁의 미래에 대해서는 적절한 준비를 하지 못한 경우도 가능하다.

따라서 위 표 1-2와 같은 조합이 가능하다.

여기서 나타나듯이, '전쟁의 미래'와 '미래의 전쟁' 두 가지 차원에서 성공하였던 모든 사례는 1990~1991년 걸프 전쟁 당시의 미국(A)이다. 여기서 미국은 뛰어난 파괴력을 과시하였으며 동시에 전쟁이 수행되는 정치적 환경에서도 성공적으로 대응하였다. 반면, 1940년까지의 프랑스(B)는 '미래의 전쟁'에서는 성공적으로 판단하였지만, '전쟁의 미래'에서는 실패하였던 사례이다. 1차 대전 이후, 프랑스는 다음 번 전쟁이 벌어지면 그 전쟁은 독일과의 전쟁일 것이라고 판단하였고 그에 따라 영국과의 연합 등을 추진하였다. 정치적 차원에서 프랑스는 정확하게 행동하였다. 하지만 군사기술의 변화에 초점을 맞추는 '전쟁의 미래'에서 프랑스는 실패하였다. 프랑스는 마지노선 등의 방어진지에 자신의 자원을 집중하였고, 덕분에 1940년 5월 독일이 방어선을 우회하고 전선을 돌파하면서, 파멸하였다.

이라크 전쟁은 특이한 사례이다. 2003년 3월 이라크를 침공한 미국(C)은 초기 전투에서 이라크를 압도하였다. 침공에서 나타났던 미국 군사조직의 효율성과 전투력은 탁월하였고, 이러한 측면에서 미국은 '전쟁의 미래'에서 성공하였다. 하지만 미국은 자신이 직면한 전쟁을 정확하게 파악하지 못하였으며, 침공 이전의 계획 단계에서 자신들이 수행하게 될 전쟁의 정치적 형태를 예측하는 데 실패하였다. 전쟁 초기 전투에서 사담 후세인(D)은 '전쟁의 미래'와 '미래의 전쟁' 두 가지 차원 모두에서 실패하였다. 사담 후세인은 이라크 군사조직에 적절한 무기를 공급하지 못하였으며, 이라크군은 훈련 및 화력에서 미군에 대적할 수 없었다. 또한 사담 후세인은 전쟁의 형태 및 양상에 대해서도 실패하였다. 이라크는 미래의 세계에 자신이 수행해야 하는 전쟁의 형태를 정확하게 예측하지 못하였고, 미국의 전면 침공에 대항할 수 있는 군사력을 창출하지 못하였으며 그에 필요한 정치적 환경 또한 조성하지 못하였다.

3 | 과거와 미래 그리고 안개

그렇다면 우리는 미래를 어떻게 예측할 수 있는가? 동일한 방법으로 과거를 분석할 수 있는가? 앞 사례에서 나타나듯이, 많은 국가들은 미래의 전쟁과 전쟁의 미래를 예측하고 분석하는 과정에서 실패하였다. 그리고 예측에서 성공하지 못했던 국가들은 소멸하였다. 한 계산에 따르면 1500년에서 1900년 사이의 400년 동안, 서부유럽의 정치단위는 500개에서 25개로 감소하였다.[7] 이러한 감소는 대부분 전

---

7   Charles Tilly, "Reflections on the History of European State-Making," Charles

쟁을 통해서 이루어졌으며, 전쟁의 미래를 정확하게 파악하지 못하고 적절하지 않은 무기를 사용하였거나 미래의 전쟁을 정확하게 예측하는 데 실패하고 정치적 환경 변화에 적응하지 못하였던 국가들이 소멸하면서 초래되었다.

미래 전쟁을 예측하고 분석하기 위해 많은 국가들이 노력하는데도, 실패하게 되는 원인은 무엇인가? 특히 클라우제비츠의 시각에서 볼 때, 미래 전쟁을 예측하고 과거 전쟁을 분석하는 과정에서 가장 큰 걸림돌로 작동하는 것은 무엇인가? 실패에는 많은 원인이 있을 수 있다. 국가 내부의 문제점이 존재할 수 있으며, 특히 개별 국가의 군사 관료 조직은 자신들의 이익을 위해 객관적인 정보를 왜곡하고 최적의 전략이 아니라 자신들의 조직 이익을 극대화하면서 예산과 인원의 확대만을 추구할 수 있다.

하지만 이러한 조직 이익이 작동하지 않고 국가가 완벽한 단위체로 작동한다고 해도 미래 전쟁을 정확하게 예측하는 것은 쉽지 않다. 클라우제비츠가 지적한 첫 번째 원인은 '전쟁의 안개(fog of war)'로서, 미래 전쟁을 예측하거나 현재 상황을 파악하는 과정에서 작용하는 불확실성 문제이다. 이러한 '안개'는 모든 상황에 내재된 것으로, 상대방의 행동에 따라 어느 정도 제한적인 변화가 있을 수 있지만 근본적인 차원에서는 변화가 없다. 대신 정보통신 능력과 지휘통제 체제의 발달 등으로 안개를 극복하는 방안이 제시되었으며, 이것은 2000년대 군사혁신(RMA; Revolutions in Military Affairs) 과정에서 중요한 개념으로

Tilly (ed.) *The Formation of National States in Western Europe* (Princeton, NJ: Princeton University Press, 1975), p. 24. 하지만 틸리는 이러한 조사에서 정치단위(political entity)의 정확한 개념과 서부유럽(Western Europe)의 지리적 범위에 대해서는 명확한 기준을 제시하지는 않았다.

작용하였다. 일부 이론가들은 여러 개의 무기 체계를 통합하여 구축하는 체계의 체계(system of systems)를 통해 전투 지휘관이 필요로 하는 모든 정보를 수집 및 처리하여 '전쟁의 안개'를 제거할 수 있다고 보았다. 가로, 세로 각각 200마일(320킬로미터) 지역의 4만 평방마일 넓이의 전투 지역 전체에 존재하는 중요 군사목표물 전부를 지형과 기후 상태에 무관하게 파악할 수 있다는 것이다.[8]

하지만 이와 같은 논의는 클라우제비츠가 제시한 두 번째 문제점을 무시하고 있다. 미래 전쟁을 예측하고 현재 상황을 파악하는 것이 매우 어려운 또 다른 이유는 현실 전쟁에서의 우리가 상대하는 적(敵)은 무생물이 아니라 생명체(animate object)라는 사실이다. 즉 전쟁에서의 상대방은 살아서 움직이며, 우리와 비슷하게 생각하고 우리와 유사하게 반응한다. 우리의 적은 우리의 행동에 반응한다. 우리가 공격하려고 하면 우리의 공격을 피하며, 우리의 공격을 가만히 기다리는 것이 아니라 우리 자신을 공격하려고 한다.[9]

전쟁에서 모든 군대는 항상 상대방을 기만(欺瞞)하며, '전쟁의 안개'를 조작함으로써, 상대의 상황파악 능력을 저해하려고 한다. 따라서 미래 전쟁을 분석할 때 반드시 고려해야 하는 사항은 상대방의 반응이다. 우리가 상대방에 대한 논의를 하지 않고 미래 전쟁을 분석하는 것은 매우 심각한 문제를 야기할 수 있으며, 이것은 '전쟁의 안개' 자체가 변화하고 조작되기 때문이다. 즉 과거에는 '안개'로 작용하였고 불확실성이었지만, 기술과 조직의 발전으로 '안개'는 특정한 부분

---

8   특히 강조가 되었던 것은 William Owens, *Lifting the Fog of War*(Baltimore, MD: Johns Hopkins University Press, 2002), pp. 119~138. 참고로 4만 평방마일은 서울과 평양 사이의 한반도 지역을 포괄하는 넓이이다.

9   Clausewitz, *On War*, pp. 149~150. Book 2 Chapter 3.

제1부 미래와 전쟁, 그리고 군사력

에서는 경감될 수 있다. 하지만 상대방은 또 다른 안개를 만들어낼 것이다. 즉 '안개'는 사라지지 않는다. 그리고 '안개'는 주어지지 않는다. 지속적으로 존재하고 동시에 학습능력을 가진 상대방에 의해서 계속 새로운 형태로 만들어지고 등장한다.

우리가 제거한 '안개'는 상대방에게는 약점이다. 따라서 상대방은 우리가 제거/경감한 '안개'를 다시 복구하려고 할 것이다. 또는 이전까지는 누구도 고려하지 않았던 새로운 영역에서 '안개'를 만들어낼 것이다. 즉 어느 국가도 자신의 약점을 단순히 인정하지 않는다. 약점을 보완하려고 노력하며, 이 과정에서 새로운 강점을 만들어내고 이전의 약점을 보정한다. 반면 우리는 상대방의 약점에 주목하고 새로운 약점을 찾아내기 위해서 많은 노력을 기울인다.

이를 통해 상호작용이 발생하며, 특히 군사기술을 중심으로 한 '전쟁의 미래' 측면에서 이와 같은 상호작용과 경쟁은 격화된다. 새로운 군사기술과 무기가 등장하면, 모든 국가들은 이에 적응하려고 노력하며 자신의 약점을 숨기고 상대방의 약점을 포착하여 이용하려고 한다. 이 과정에서 이전과는 다른 '전쟁의 미래'가 등장할 수 있다. 반면 정치적 환경을 중심으로 하는 '미래의 전쟁' 측면에서는 '안개'가 작동할 영역이 제한되며 기만이 효과를 발휘하기 어렵다. 우리가 무엇을 가지고 싸울 것인가에 대해서는 상대방을 기만할 수 있지만, 우리가 누구와 싸우게 될 것인가는 상대적으로 쉽게 파악할 수 있다. 이와 같은 적극적 기만과 '안개'의 효과는 미래에 대한 예측에서 다음과 같은 결과를 초래할 것이다.

4 │ 전쟁과 군사력 그리고 미래

미래 전쟁은 '미래의 전쟁', 즉 미래 세계의 전쟁과 '전쟁의 미래', 즉 군사기술의 발전으로 인한 결과로 분석이 가능하다. 그리고 이러한 두 가지 미래 전쟁은 상대방의 기만 및 그로 인해 증폭되는 안개 때문에 예측 가능성에서 큰 차이를 보이며, 따라서 전쟁과 군사력의 형태를 분석하는 방식 또한 달라야 한다. 이와 관련해서는 다음 세 가지 사항이 중요한 의미를 가진다.

첫째, 전쟁의 미래에 관련해서는 상황이 계속 변화한다는 사실을 인정해야 한다. 즉 군사기술의 변화와 관련해서는 안정적인 균형은 없으며, 사실상 모든 사항이 역동적으로 변화한다. 군사기술은 항상 변화하며, 새로운 기술과 그에 기반을 둔 무기가 등장할 때마다 개별 군사조직은 적응하기 위해서 노력한다. 새로운 기술을 완벽하게 습득하기 위해서 끊임없이 훈련하며 스스로를 평가하면서, "무엇을 가지고 싸우는가"의 문제에서 해답을 찾기 위해 노력한다. 따라서 상황은 계속 변화한다. 현재 우리가 가지고 있는 우위는 지속되지 않으며, 적국의 노력과 기술 발전 등으로 약화되기도 한다. 또한 전쟁의 미래 측면에서 모든 국가는 자신의 약점을 숨기기 위해서 노력하며 적에게는 잘못된 정보를 주고 기만하며, 본래 존재하는 안개를 더욱 짙게 만들면서 혼란을 가중시킨다. 즉 "어떻게 싸우는가"의 질문에 대해서는 해답을 찾기가 쉽지 않다.

둘째, 미래의 전쟁은 정치적 차원에서 결정되는 것이기 때문에 쉽게 변화하지 않는다. 개별 국가가 가지고 있는 내부적 특성 및 해당 지역의 세력균형 등은 상대적으로 쉽게 파악이 가능하며, 개별 국가의 행동에 의해 단기적으로는 변화하지 않는다. 군사조직은 그 특성

제1부 미래와 전쟁, 그리고 군사력

상 정치적 요인을 경시하며, 따라서 미래의 전쟁에 대비한 훈련 등은 하지 않는 경향이 있다. 개별 국가 또한 미래의 전쟁과 관련되어서는 상대방을 기만하지 못하며, 안개를 조작하는 것 또한 현실적으로 불가능하다. 즉 "누구와 싸우는가"의 문제에서는 상대적으로 쉽게 답할 수 있다.

셋째, 미래 전쟁의 두 가지 측면과 관련된 예측 가능성이 큰 차이를 보이지만, 미래의 전쟁에 대한 예측은 그다지 성공적이지 않았다. 모든 군사조직은 그 특성상 전쟁의 미래에 집중한다. 따라서 '지속적으로 변화하는 전쟁의 미래'에 대한 예측은 군사조직의 전문적인 노력에 의해서 경우에 따라서 성공적으로 이루어진다. 즉 내재적인 복잡성에도 불구하고 노력을 통해 안개를 극복하고 전쟁의 미래를 예측하는 것이 제한적이지만 가능하다. 반면 '쉽게 변화하지 않는 미래의 전쟁'을 예측하는 문제에서 많은 군사조직은 그다지 노력하지 않으며, 대신 전쟁의 미래를 예측하는 데 집중한다. 즉 상대적으로 예측하는 것이 쉽지만, 군사조직은 이 부분을 경시하며 따라서 많은 경우에 미래 전쟁의 예측에서 문제가 발생한다.

이와 같은 예측의 실패는 다음과 같은 두 가지 사례를 통해 잘 파악할 수 있다. 첫 번째 실패 사례는 1930년대의 프랑스이다. 당시 프랑스는 미래의 전쟁 측면에서는 정확하게 예측하였고, 정치적 변수에 집중하면서 자신이 "누구와 싸울 것인가"를 명확하게 인식하였다. 따라서 독일과의 국경에 요새를 구축하였다. 하지만 프랑스는 "어떠한 무기를 가지고 싸울 것인가"라는 전쟁의 미래에 대해서는 정확한 예측을 하는 데 실패하였다. 지속적으로 변화하는 군사기술 상황에서 프랑스는 많은 자원을 동원하여 요새 지대를 구축하였으나, 결국 변화하는 상황에 적절하게 적응하지 못하였다. 드물게도 정치적 예측에서는 성공하였지만, 군사기술을 예측하는 데 실패하였다. 이것은 프랑스 국가의 실패임과 동시에 프랑스 군사조직의 실패의 결과였다. 즉 프랑스는 전쟁의 안개를 걷어내는 데 실패하였다.

이와는 상반되는 두 번째 실패사례는 2000년대 중반의 미국이다. 전쟁의 미래 측면에서 미국은 매우 정확하게 예측하였고 새롭게 등장한 군사기술을 거의 완벽할 정도로 구사하였다. 하지만 미국은 미래의 전쟁 측면은 경시하였으며, 미국 군사조직은 파괴력 향상에만 집중하면서 새로운 정치적 환경에서 군사력이 사용되는 방법과 "누구와 싸울 것인가"에 대해서는 큰 관심을 기울이지 않았다. 이러한 측면에서 미국 군사조직은 성공하였으며, 자신의 효율성을 명확하게 증명하였다. 즉 안개를 걷어내고 적의 기만을 무력화하였지만, 정작 간단하게 파악할 수 있는 정치적 환경의 변화 등을 무시하면서 정치적 목표 달성에서 많은 어려움에 직면하였다. 그리고 이것은 지난 15년 이상 동안 이라크와 아프가니스탄에서 미국이 수행하고 있는 전쟁에서 잘 드러난다.

따라서 상대적으로 예측하기 쉽거나 예측하기 위해 많은 노력을 기울인다고 해서 미래 전쟁에 대한 정확한 예측이 보장되는 것은 아니다. 이러한 측면에서 '안개'의 존재는 예측 결과에 영향을 미치는 하나의 변수일 뿐이며, 이와는 독립적으로 상대적으로 쉽게 파악할 수 있는 다른 변수와의 상호작용이 중요하다. 그렇다면 한국의 입장에서는 어떠한 예측이 중요한가? 그리고 어떠한 사항을 분석하는 데 더욱 많은 노력을 기울여야 하는가?

5 | 우리의 미래?

우리 한국은 미래 전쟁을 어떻게 준비할 것인가? '미래'라는 추상적 개념 때문에 논의 자체는 한계에 직면한다. 하지만 미래에 대한 분석은 필요하다. 이러한 분석을 위해서는 추상적 차원에서 작동하는 변수를 점차 줄여나가는 것이 중요하다. 한국의 경우에 상대방은 북한으로 명확하기 때문에, 이러한 불확실성을 줄일 수 있다. 즉 정치적 환경을 강조하는 미래의 전쟁 부분에서 최소한 몇 가지 사항은 명확하다.

첫째, 우리 한국은 민주주의 국가이며, 민주주의 국가는 대부분의 전쟁에서 승리하였다. 1816년 이후 1990년대 중반까지 민주주의 국가는 총 28번의 전쟁을 수행하였고 이 가운데 82%인 23번의 전쟁에서 승리하였다. 민주주의 국가끼리는 전쟁을 하지 않기 때문에, 나머지 부분은 비민주주의 국가의 패배이며 따라서 민주주의 국가는 비민주주의 국가와 비교했을 때, 월등한 확률로 전쟁에서 승리하였다.[10] 이러한 민주주의 국가의 승리 비결에 대해서는 몇 가지 설명이 있지만, 그 사실 자체에 대해서는 의문의 여지가 없다. 따라서 한국의 민주주의 유지는 한국의 안보를 위한 가장 중요한 열쇠로 작용할 것이다.

둘째, 한국의 군사적 상대방은 북한이며, 비민주주의 국가이다. 따라서 독재/권위주의 국가의 군사적 효율성은 매우 중요한 연구 주제이며, 분석의 대상이다. 탈매지(Caitlin Talmadge) 교수의 연구로 대표

---

10 이러한 주장에 대해서는 많은 반론이 존재할 수 있다. 가장 대표적인 연구는 Michael D. Desch, "Democracy and Victory: Why Regime Type Hardly Matters," *International Security*, Vol. 27, No. 2 (Fall 2002), pp. 5~47이 있다.

되는 비민주주의 국가의 전장 효율성 문제는 매우 흥미로운 사항이며, 북한과 대결하고 있는 한국의 입장에서는 정책적으로도 핵심적인 사항이다.[11] 북한의 국내정치적 문제는 북한이 사용할 수 있는 군사력의 양과 사용방식에도 영향을 주며, 체제 내부의 문제점을 더욱 증폭한다. 지금까지의 연구에서 북한 체제의 취약성에 대한 논의는 존재했지만, 북한 정치체제의 독재/비민주주의 성향이 가지는 군사적 효율성에 대한 연구는 많지 않다. 따라서 이에 대한 새로운 분석이 필요하다.

셋째, 이와 같은 북한의 제한된 군사적 효율성은 한국에게는 중요한 함의를 가지며, 특히 북한을 억제/억지해야 하는 상황에서는 더욱 중요한 의미를 가진다. 북한 체제의 비민주성으로 인하여 북한 정권은 통상적인 국가와는 다른 취약성을 가지며, 이것은 북한의 기만이나 안개 등으로도 가릴 수 없는 명확한 부분이다. 한국 육군은 북한을 억제/억지할 방안을 구상해야 하며, 따라서 북한 체제의 비민주적 속성은 이전까지는 조명되지 않았던 북한의 새로운 약점을 잘 보여줄 것이다.

전쟁의 미래 측면에서도 우리는 한국 육군이 수행하게 될 미래 전쟁에 대해서 다음과 같은 사항의 중요성을 조명할 수 있다. 첫째, 한국 육군은 지금까지 어떠한 방식으로 군사력을 증강하고 미래 전쟁에 대비해왔는가? 정치적 환경을 강조하는 미래의 전쟁과는 달리 전쟁의 미래로 대표되는 군사 기술적 측면은 그 자체에 내재되어 있는 안개와 북한의 기만 때문에 많은 불확실성에 직면한다. 한국의 육군

---

11   Caitlin Talmadge, *The Dictator's Army: Battlefield Effectiveness in Authoritarian Regimes* (Ithaca, NY: Cornell University Press, 2015).

력 증강은 우리의 상대방인 북한의 대응과 반응에 따라 그 효과가 달라진다. 북한이 만들어내는 '안개'와 우리 한국이 걷어내려는 '안개'의 상호작용이 중요하다. 즉 단순히 군사기술에 대해 투자를 집중하는 것을 넘어 '안개'의 측면에서 개념화를 진행해야 한다.

여기서 몇 가지 중요한 질문이 등장한다. 우선, 육군력 증강의 방향 문제이다. 즉 과연 한국의 군사력 증강은 이렇게 북한과의 상호작용을 통해 그 방향이 결정되었는가 아니면 내부의 조직이익에 따라서 관성적으로 결정되었는가? 또한 육군력 증강에 영향을 준 요인의 문제가 있다. 예를 들어 육군력 증강이 한국이 보유하고 있는 다른 군사력(공군력과 해군력) 증강과 비교했을 때, 상대적으로 방향감각을 잘 유지하고 정치적 목표를 달성하기 위한 최적의 방향으로 이루어졌는가? 세 번째 사항은 향후의 발전 방향에 대한 것이다. 과연 향후 육군력 증강은 어떻게 이루어져야 할 것인가? 전쟁의 미래를 분석하고 대비해야 하는 입장에서 한국 육군이 나아갈 방향은 무엇인가?

전쟁의 미래 측면에서 논의해야 하는 두 번째 사항은 순수한 군사기술 및 무기와 관련된 부분이다. 한국 육군력의 발전을 위해서 우리는 어떠한 부분에 집중해야 하는가? 미래 전쟁의 중요한 부분인 전쟁의 미래는 안개와 기만의 대상이기 때문에, 예측하는 것이 쉽지 않다. 하지만 새로운 군사기술은 계속 등장하며, 이에 대한 적응과 여러 가능성은 항상 검토해야만 한다.

6 | 결론

미래 전쟁은 전쟁의 정치적 목표 등의 정치적 요인에 의해 결정되는 '미래의 전쟁'과 군사 기술적 요인에 의해 결정되는 '전쟁의 미래'로 구분할 수 있다. 하지만 이러한 두 가지 미래를 예측하는 것은 쉽지 않다. 여기에는 클라우제비츠가 강조하였던 안개가 존재하며 동시에 안개를 의도적으로 만들고 이용하려는 국가들의 기만행위가 작용한다.

따라서 우리는 쉽게 파악하고 분석할 수 있는 정보와 사실을 일차적으로 사용해야 한다. 즉 보다 구체적인 차원에서 논의를 전개해야 하며, 매우 모호하게 상대방을 지적하지 않고 미래 전쟁을 준비하는 것은 적절하지 않다. 상대방을 고려하지 않은 상태에서 미래 전쟁을 준비하는 것은 매우 어려우며, 실질적으로는 불가능하다. 미국은 이러한 방식을 사용하지만, 한국으로는 적절하지 않다. 오히려 우리는 보다 구체적으로 논의를 전개할 수 있다. 이론적으로 세계 전체를 무대로 작전을 진행하는 미군과 실질적으로 한반도에 국한되어 작전을 수행하는 한국군은 큰 차이가 있다. 우리는 이러한 차이를 보다 명확하게 인식하고 이용해야 한다.

한국은 전쟁에서 상대방이 있다. 따라서 북한에 대한 논의를 보다 깊이 있게 진행해야 하며 진행할 수 있다. 우리는 북한에 대해서 너무나도 많은 것을 모르고 있지만, 동시에 북한의 상황에 대해 많은 것을 알고 있다. 우선 북한은 독재국가이며, 독재국가의 군사력이 가지는 특성을 일반적 차원에서 분석하는 것은 중요하다. 그리고 이와 같은 특성을 감안하여 우리는 새로운 억제/억지 능력을 갖출 수 있다.

우리의 상대방은 학습하고 대응하고 반응하고 반격한다. 상대방을 딜레마에 빠뜨려서 승리하기 위해서는 우리는 상대의 ① 학습능력을 마비시키고, ② 대응능력을 제한하며, ③ 반응속도를 늦추고 ④ 반격의지를 박탈해야 한다. 그렇다면 우리는 북한의 ① 학습능력을 마

비시키고, ② 대응능력을 제한하며, ③ 반응속도를 늦추고 ④ 반격의
지를 박탈하기 위해 어떻게 행동해야 하는가? 그리고 이에 필요한 육
군력은 어떻게 구축할 수 있는가?

비대칭성 문제는 이러한 측면에서 두 가지 의미를 가진다. 첫째,
우리는 북한의 비대칭 전략에서 매우 수동적으로 대응하고 있다. 하
지만 이 과정에서 어느 정도는 주도권을 상실한 상황이다. 하지만 이
러한 주도권 싸움은 매우 흔하며 적대국가 사이에서는 거의 영원히
지속될 것이다. 둘째, 어떤 경우에서는 상대방의 약점을 내버려두는
것이 좋을 수도 있다. 우리가 알고 있는, 하지만 상대방이 교정하지
않는 약점은 우리에게는 매우 익숙한 강점으로 작용할 것이다. 이것
을 어떻게 이용할 수 있는가는 결국 한국 육군에게 가장 중요한 과제
로 남을 것이다.

제2장

권위주의 국가의 전장 효율성: 북한 사례*

케이틀린 탈매지 *Caitlin Talmadge*

분명히 우리를 둘러싼 세상은 상호이익에 대한 많은 중요한 도전들로 가득 차 있다. 이 중에는 중국의 부상에 대한 대응과 안정되고 개방된 국제경제체제의 유지도 포함되어 있다. 그렇지만 한국에서 북한의 위협에 대한 방지와 억지, 그리고 잠재적인 교전만큼 더 복잡한 위협은 아마 없을 것이다. 북한 정권의 붕괴에 대한 반복되는 예측에도, 김정은 정권은 계속해서 동북아시아 지역의 평화와 안정을 위협하는 정책을 지속하고 있다. 그 결과 한반도는 미국이 격렬한 재래식 전쟁을 수행할 가능성이 있는, 오늘날 세계에서 가장 드문 장소 중

---

* 이 글은 저자의 최근의 책 *The Dictator's Army: Battlefield Effectiveness in Authoritarian Regimes* 을 토대로 작성되었음을 미리 밝혀둔다.

하나로 남아 있다.

북한의 전쟁도발을 억지하고 위기에 대한 한미동맹의 준비 태세를 완비하기 위해서는 먼저, 북한이 제기하는 군사적 위협의 본질에 대한 정확한 이해가 필요하다. 이를 위한 평가는 이러한 작업들이 북한 사회와 정책, 그리고 군사가 갖고 있는 불투명한 속성에 충분히 도전하고 있음에도, 북한의 군비를 정확하게 측정하고 그들의 전투서열을 이해하는 것에만 의존하지 않는다.

여기서 검토하려는 질문은 다음과 같다. 북한이 전장에서 자신이 보유한 군사자원을 가지고 무엇을 할 수 있고, 할 수 없을까? 즉, 북한이 자신의 군사자원을 어느 정도까지 실제 전투 전력과 작전적, 전술적 전력으로 바꿀 수 있을 것인가? 특히 최악의 사태가 발발했을 때, 우리는 북한군에 대한 정보를 더더욱 요구하게 될 것이다. 구체적으로, 북한군이 전장에서 기본적인 전술적 효율성을 발휘할 수 있을지 그리고 이러한 전술적 효율성을 군부 내 다른 병과들 간의 중요한 통합과 계획, 그리고 조정을 요구하는 통합군의 이용과 같은 더 복잡한 근대 군사작전의 수행으로 결합할 수 있는 능력을 보여줄 수 있을지 여부에 대한 정보를 요구하게 될 것이다.

역사적으로 몇몇 권위주의 정권의 군대들은 군사목표를 매우 효과적으로 달성하였다. 예를 들면, 나치 독일과 북베트남은 자신들의 군사자원을 효과적으로 활용하여 매우 뛰어난 전장 효율성(battlefield effectiveness)을 창출하였다. 그들은 전술적 효율성과 복잡한 작전들을 수행할 수 있는 능력들 모두 보여주었다.[1] 그리고 그들 모두 민주주

---

1   북베트남과 이라크의 군사적 능력에 대해서는 다음과 같은 탁월한 비교 분석이 있다. Stephen Biddle and Robert Zirkle, "Technology, Civil-Military Relations,

의 국가들을 상대로 심상치 않은 위협으로 작용했다.

한편, 사담 후세인의 이라크나 남베트남과 같은 다른 독재정권들은 일반적으로 강력한 동맹국의 지원을 받았지만, 전장 효율성의 측면에서 형편없었다. 실제로, 이들 권위주의 국가가 보여준 재래식 전력에서의 문제점은 끔찍하였으며, 비록 다른 방식이기는 했지만 미국에게 심각한 문제를 초래하였다.

북한 군사력의 측면에서, 우리는 다음과 같은 질문을 던질 수 있다. 왜 어떤 권위주의 국가는 다른 권위주의 국가들보다 더 효율적인 전쟁 수행을 보여주는가? 그리고 이러한 질문은 우리가 가장 중요하게 생각하는 권위주의 정권, 북한의 군사적 역량과 전장 효율성에 대해 무엇을 말해줄 수 있을 것인가?

북한 정권이 갖고 있는 본질적 특성이 북한으로 하여금 재래식 전력의 효율성을 꽤 어렵게 만들 군사조직의 형태로 이끌 가능성이 있다. 즉 몇몇 권위주의가 군사력 창출을 강화시킨다고 하더라도, 북한식 권위주의는 적어도 재래식 전력의 측면에서 오히려 군사력 창출을 저해할 가능성이 높다. 그리고 이러한 주장은 우리가 북한이 재래식 전력을 이용하여 위협을 과대평가하지 않도록 주의해야 한다는 것을 의미한다. 실제로, 북한군의 이러한 결함은 북한이 직면한 군사적 문제들 가운데 하나이다. 그리고 우리는 북한의 이와 같은 군사적 결함을 전략/전술적으로 이용해야 한다.

우리 모두 알고 있듯이, 군사력 창출과 사용에는 많은 정치적 또는 비군사적 요인이 작용한다. 저자의 최근의 책 *The Dictator's Army:*

---

and Warfare in the Developing World," *Journal of Strategic Studies*, Vol. 19, No. 2 (June 1996), pp. 171~212.

제1부 미래와 전쟁, 그리고 군사력

*Battlefield Effectiveness in Authoritarian Regimes*에서 저자는 전쟁의 전술적, 작전의 수준에서 군사력의 조직상의 결정요인에 주목했다. 즉, '왜 어떤 군사조직들은 그들의 자원에서 끌어내어 전투력을 극대화할 수 있는 정책들을 채택하는 것으로 보이지만, 왜 다른 군사조직들은 오히려 그들의 군사력을 비효율적으로 만드는 정책들을 채택하는 것인가?' 이러한 질문에 대해 군사조직 행태의 네 가지 영역에 초점을 맞추었다. 군사조직의 네 가지 영역은 전장에서의 효율성을 창출하는 핵심이며, 진급(Promotions), 훈련(Training), 명령체계(Command Arrangements), 그리고 정보관리(Information Management)로 구성된다. 물론 위의 네 가지만이 중요한 것은 아니지만, 실제 역사에서는 근대 전쟁에서의 승리와 패배를 설명하는 데 이러한 네 가지 요인들의 중요성이 잘 드러난다.

진급에 관해서, 일반적으로 군인들이 보통 정치적 충성도나 민족, 파벌, 종교, 이념적 성향이 아닌 실적을 토대로 고위 장교로 진급할 때, 더 나은 전투력을 보여줄 것이라고 예상한다. 그리고 훈련의 측면에서는, 크고 작은 부대에 엄격하고 사실적인 훈련법을 채택했을 때 더 나은 전투력을 보여줄 것이라고 예상한다. 명령체계에 대해서는 명료한 지휘계통과 전장 지휘관에게 강력한 권한 이양이 가장 효과적인 군대를 만들 것이라고 예측한다. 마지막으로, 정보관리상에서 군대의 효율을 위해서는 정보의 군대 내, 그리고 군대와 민간 간의 수직적, 수평적 공유를 장려해야 할 것이라고 추측한다. 그리고 이러한 네 가지를 모두 제대로 시행한 군사조직은 당연히 전장에서 더 효율적이게 될 것이다. 전술적 능숙함에 요구되는 기술들과 복잡한 작전수행에 필요한 계획, 조정, 적용을 입증할 것이다.

효율적 군대는 위의 네 영역을 제대로 수행하지 못한 군사조직과는 정반대이다. 예를 들어 정치적 충성이나 파벌적 성격에 기반을 둔 장교의 고용과 해고를 보여주는 군(軍), 여러 병과에 대한 엄격하고 현실적인 훈련을 제한하거나 금지하는 군, 지휘계통이 대단히 난해하거나 중복되는 모습을 보여주거나 권한이 극도로 중앙으로 집중화되어 있는 군, 그리고 군과 민간 간의, 그리고 군대 내에서의 자유로운 정보교류를 제한하는 군, 이러한 사항들은 모두 장교단의 능력을 저해하며, 전장에서의 비효율성으로 이어진다.

이러한 정책들이 차선이거나, 좋지 못한 결과를 맞이한 경우, 어떤 군부가 이들을 채택할 것인가? 이 질문에 답하기 위해서는 권위주의 정권이 정권 대내외적으로 직면한 위협에 대한 완전한 이해가 필요하다. 권위주의 정권이 외부의 심대한 위협에 직면하여 이에 대항할 강한 군부를 필요로 했을 때, 이들은 지나치게 강한 군대가 일으킬 수 있는 쿠데타의 위험성에 관심을 가질 수밖에 없다. 다시 말해, 외부의 위협이 위험하지만 동시에 외부의 위협에 대항하기 위해 필요한 도구가 정권의 생존에 대한 더 긴급하고 급박한 위협을 만들어내게 된다, 따라서 정권은 강하고 효율적인 군대의 양성에 주저할 수밖에 없다.

사담 후세인의 이라크는 이러한 패턴의 전형적인 예이다. 후세인 시대 이라크는 개인의 독재와 정치적 제도의 약화, 그리고 군부와 민간 간의 오래된 갈등, 즉 정치지도자와 군대 장교단 사이의 갈등이 존재했다. 후세인이 종종 그의 군대에 대한 공포와, 쿠데타에 대한 두려움으로 인한 편집증적인 모습을 보여왔다. 영국 식민통치 이후 후세인 이전까지 이라크의 거의 모든 지도자들은 결국 군부가 일으키거나 뒤에서 지원한 쿠데타들로 인해 권력을 잃었다. 후세인이 출세할 당시에도 적어도 열두 번의 쿠데타가 여전히 사람들의 기억 속에 살아있었고, 이 중 몇몇은 후세인이 직접 참여하기도 했었다. 그렇기에 후세인은 강력한 장교단 및 군사조직을 자신의 경쟁상대로 인식했으며, 자신의 권력을 유지하기 위해 이라크 군사조직을 의도적으로 약화시켰다.

이러한 후세인의 전략은 2003년 이후 미군이 노획한 자료에서 잘 드러난다. 사담 후세인은 자신이 주관하는 회의 전체를 녹음하였으며, 이 자료는 2003년 미국의 침공 과정에서 노획되어 공개되었다.[2] 사담 후세인은 스스로, "이라크군은 나에 대항하여 음모를 꾸밀 수 있는 유일한 세력이다. 우리를 두렵게 만드는 유일한 힘은 이라크군이 바트당 정권을 뒤엎을 수 있다는 데 있다. 이라크군은 애완용 호랑이와 같아서 이들의 눈과 이, 그리고 턱을 떼어내야만 한다"고 기록한 바 있다.

후세인은 이라크 군사조직을 약화시키기 위해 많은 노력을 기울였다. 유능한 장교들을 쿠데타를 주도할 수 있는 집단이라는 이유로 장교단에서 배제하였다. 고위 장교단은 능력이 아니라 후세인에 대한 충성심을 기준으로 선발되었으며, 특히 후세인의 고향이자 수니파 지지 지역인 티크리트(Tikrit) 출신자들이 장군으로 진급하였다. 또한 그는 군사훈련이 결국 쿠데타에 대한 좋은 기회와 구실을 제공할 것이라는 두려움 때문에, 훈련 자체를 엄격하게 제한하였다. 그뿐만 아니라 군대의 해외연수조차 체제전복적인 해외의 영향을 소개할 수 있다는 두려움으로 인해 승인하지 않았다. 명령체계는 의도적으로 중앙에 집중되었으며, 오직 후세인 개인에게만 보고하는 복수의 지휘계통을

---

2   Kevin Woods et al. *The Iraqi Perspectives Report: Saddam's Senior Leadership on Operation Iraqi Freedom from the Official U.S. Joint Forces Command Report* (Annapolis, MD: U.S. Naval Institute Press, 2006).

1991년 걸프 전쟁 당시 죽음의 고속도로(Highway of Death)에서 파괴된 이라크 육군.
자료: U.S. Department of Defence (Wikimedia Commons).

만들어냈다. 군대 내 여러 조직 간의 정보교환 또한 제한되었다. 쿠데
타 음모 가능성 때문에 후세인은 군대 내에서의 부서 간의 조정 및 조
율 또한 허용하지 않았다.

후세인의 이러한 조치들은 매우 효과적이었고, 권력을 유지시켰
다. 앞서 언급한 대로, 후세인 이전의 이라크는 열두 번가량의 쿠데타
와 쿠데타 시도를 보여주었지만 후세인 집권 이후 쿠데타는 한 번도
일어나지 않았다. 1979년부터 2003년까지 후세인은 이라크를 통치했
으며, 후세인의 통치기간은 근대 이라크 어느 지도자보다 길었다.
2003년 후세인은 권좌에서 축출되었지만, 이것은 미국의 침공 때문
이었지, 내부에서의 쿠데타 때문은 아니었다. 2003년 미국이 침공하

는 바로 그 순간까지, 후세인의 장군들은 그를 배신하지 않았다. 이러한 측면에서 후세인은 성공하였다. 매우 성공적으로 이라크 군사조직을 통제하였고, 쿠데타를 예방하였다.

그렇지만 이라크는 엄청난 대가를 치렀다. 후세인은 쿠데타를 예방하기 위해 이라크 군사력과 전장 효율성을 희생시켰다. 후세인 시기 치렀던 세 번의 대규모 전쟁, 즉 1980년부터 1988년까지 이란과의 전쟁, 그리고 1991년과 2003년 미국과의 전쟁에서 이라크군은 엉망이었다. 1990년 쿠웨이트를 침공했을 때, 이라크군이 전 세계에서 네 번째로 큰 군대였으며, 그 때문에 당시 많은 전문가들이 처음에는 이라크군이 미군에 수천 명의 사상자를 입힐 것이라고 예측했다. 하지만 이러한 예측은 오류였다. 실제 전투가 벌어지자, 미국은 단 100시간 만에 그리고 전사자 400명 미만과 부상자 800명 미만의 인명피해만으로 이라크를 패배시켰다.

물론 미국의 군사적 역량으로 위의 것을 설명할 수 있다. 그렇지만 외견상 약해 보였던 다른 권위주의 정권들은 다른 환경에서 미군에 훨씬 더 많은 대가를 강요했었다. 코소보 전쟁에서 세르비아가 그랬고, 베트남전에서 북베트남이 그러했다. 그리고 한국전에서 중국이 그러했다. 이라크의 빠른 패배의 원인은 그들 자신들의 행위에서 주요 원인을 찾아야 하며, 미국과 비교한 이라크의 약점에서 찾아선 안된다. 근본적인 원인은 후세인이 자기 자신을 쿠데타로부터 지키기 위해 시행했던 군부 정책이다.

실제로 1980년대, 이라크군은 미군보다 훨씬 약한 혁명 이란을 상대했을 때도, 이라크는 전쟁 대부분의 기간에서 효율적인 군사작전을 입안하지 못했으며, 전투 부대에서의 형편없는 전술적 능력, 통합군 작전 수행에서의 무능력, 다른 부대들과의 의사소통과 조정에서의 문제, 전략적 계획과 창의력의 결핍 등등 동일한 문제점이 지속적으로 발생하였다.

따라서 이란 - 이라크 전쟁이 장기화된 이유는 다름이 아니라, 이라크가 겪던 많은 민·군 간의 문제점을 대부분 이란 자신도 겪던 데 있었다. 이란의 혁명지도자들도 마찬가지로 그들의 군부를 믿지 못했고, 후세인이 집행했던 치명적인 정책들을 동일하게 시행했다. 그 결과, 이란은 인구와 경제 규모에서 이라크보다 강대국이었으며 1979년 이슬람 혁명 이전까지 수십 년 동안 미국의 군사원조를 받았음에도, 이란군은 이라크군을 격퇴하지 못했다. 결국 전쟁은 거의 10년 동안 지속되었고, 1980년대 대부분 동안 진행된 피비린내 나는 교착상태가 발생하였다.

더 일반적인 관점에서 이라크와 이란의 군사적 역량은 놀랄 정도로 형편없었다. 그리고 이러한 결과에 국가는 외부의 위협환경을 고려하여 군부에 대한 정책을 선택한다고 예상했던 많은 분석가들은 경악하였다. 그렇지만 호메이니와 후세인의 결정은 그들의 정권에 대한 국내적 위협을 고려해볼 때, 그리 놀라운 것은 아니다. 이러한 관점에서, 재래식 전쟁에 대한 준비부족은 설명될 수 있을 뿐만 아니라, 외부의 위협에 대응하기 위한 강한 군사력 창출이 국내정권을 위협할 수 있다는 점에서 꽤 합리적이었다.

이라크 사례에 더하여, 저자의 책에서 혁명 시기의 이란 그리고 1950년대부터 1970년대의 남베트남과 북베트남 사례를 통해 군부 조직적 행태와 전장의 효율성을 형성하는 데 대한 국내외 위협의 역할을 분석했다. 이러한 분석에서 권위주의 정권들은 그들의 전장 효율성에서 주요한 차이를 보여준다. 남베트남과 이란, 그리고 사담 후세인의 이라크 같은 권위주의 정권들은 쿠데타 방지를 최우선사항으로

제1부 미래와 전쟁, 그리고 군사력

간주했으며, 전장 효율성에서 동일한 문제를 보여주었다. 그렇지만 북베트남의 경우 이러한 문제를 겪지 않았다. 북베트남은 잘 제도화된 일당제 국가였으며, 민군관계에서도 큰 갈등을 빚지 않았다. 이는 부분적으로 공산당 지도부 내에서 정치, 군사지도자들의 통합에 기인한다. 여기에는 당이 군을 지도한다는 합의가 있었으며, 북베트남 민간 정치 지도자들이 군사쿠데타에 대해 우려했다는 증거가 거의 존재하지 않는다. 결과적으로 북베트남은 실질적으로는 민주주의 국가에서 나타나는 군사적 효율성을 강화하는 조치를 취했으며, 그 덕분에 북베트남군은 미군과의 전쟁에서 제한적이나마 호각세를 이루었다.

이것이 북한에 대해서 무엇을 말해줄 수 있을 것인가? 북한의 가능한 재래식 전력을 측정하는 데 도움을 줄 수 있을 것이다. 보통 군사력의 측정에서 주요 수단은 기갑부대와 포병부대, 고정익(固定翼) 비행기와 군인 수 등 양적인 지표를 활용한다. 하지만 위에서 검토했듯이, 군사조직의 능력과 이를 허용하는 정치적 결정이 있는 경우에 수량적 군사자원은 실질적인 군사력으로 전환될 수 있다. 따라서 김정은 정권이 외부의 위협환경을 어떻게 평가하고 있느냐뿐만 아니라, 내부의 위협환경을 어떻게 바라보고 있는가에 대해서도 주목해야 한다.

예를 들어, 미국의 전문가들은 종종 북한이 그들의 경제규모 중 지구상 어느 나라보다도 큰 비율을 국방예산에 기울인다는 사실을 지적한다. 그리고 또한 북한에 유리하게 측정된 군사력 양적 지표의 불균형을 지적한다. 예를 들어 북한군의 병력은 한국군 병력에 비해 두 배 이상이며, 사단 및 기동여단의 수에서도 거의 두 배에 달한다. 그렇지만 이러한 숫자들은 남한의 인상적인 질적 우위를 생각해볼 때, 다소 기만적일 수 있다.

이것은 군사력 또는 무기의 질적 차이가 아니다. 예를 들어, K-1

이 T-55를 상대할 때 누리는 이점과 같이, 군사력 측정에서 한국이 북한에 대해 누리는 질적인 우위는 분명하다. 하지만 기술에서 파생되지 않은 남한의 중요한 이점이 있다. 위의 군사조직의 능력과 관련된 네 가지 영역에서 김정은 정권은 북한의 재래식 전력을 강화시키기보다는 약화시키는 방향으로 움직이고 있다.

북한에 관한 정보는 제한적이고, 그렇기에 많은 분석이 추측을 포함하고 있다. 그럼에도, 북한은 독재국가이며 김정은 정권은 독재정권이다. 따라서 북한은 대부분의 권위주의 정권에서 등장하는 군사적 비효율성이 나타난다. 군사조직은 비효율적이고, 군사작전을 수행하는 능력은 미숙하며, 전술적으로도 무능하다. 예를 들어 북한 정권은 '선군정치'를 통해 군대에 의존하였고, 군대를 통해 북한 주민들을 통치하고 억압하였다. 동시에 지도자들은 개인적 독재정권에서 존재하는 어려움과 같은 쿠데타에 대해, 군이 돌아서지 않도록 보장하는 데 매우 주의하였다.

이는 북한 인민군의 지도부에서 누가 선택되고 승진하는지를 결정하는 진급정책에서도 볼 수 있다. 예를 들어 김일성 시기, 북한 인민군 엘리트들은 일본에 대항해서 싸웠고 새로운 사회주의 국가 성립을 도왔던 인사들로 거의 구성되었다. 그리고 이러한 패턴은 김정일 정권에서도 이어졌는데, 군대 장교의 가장 중요한 특성이 전장에서의 역량이 아니라 그의 출신배경과 혁명세대와의 혈연관계에 있었다.

그리고 이러한 패턴은 오늘날 김정은 시기에도 그대로 보여지고 있다. 실제로 그의 군 지도자들에 대한 보도된 처형과 군 엘리트 사이에서의 반복된 개편은 군부의 충성에 대한 계속되는 우려를 암시한다. 그리고 이것은 여러모로 후세인과 유사하게 김정은이 그의 가장 큰 위협을 외부보다는 내부에서 찾을 수도 있다는 것과 그가 유능한

1935년 11월
소련군 수뇌부.
자료: http://
www.rkka.
ru/uniform/
files/a24.htm

군사지도자들을 숙청하여 내부의 쿠데타 가능성을 방지하는 데 집중하고 있음을 보여준다. 실제로, 유능한 군부 엘리트들은 김정은에게 위협이 될 수 있다. 김정은은 아마도 그렇기에 그의 리더십을 대체할 믿을 만한 군사적 대안을 원하지 않을 것이다.

이는 1930년대 후반 스탈린이 많은 장군들을 숙청하게 만들었던 논리와 같다.[3] 그리고 제2차 세계대전 발발 당시 소련에게 절망적인 결과를 안겨주었던 것처럼, 군부에 대한 김정은의 접근은 전쟁 발발 시 전장에서 좋은 결과를 얻지 못할 가능성이 높다. 능력이 아니라 정치적 충성도에 기반을 둔 장교단 선정은 형편없는 전략기획과 전술, 작전을 초래할 것이다.

---

3 1935년 11월 소련은 병력 증강과 함께 원수(元帥; field marshal) 계급을 창설하였고, 위 사진과 같은 원수 진급 기념 사진을 촬영하였다. 1937년 6월 스탈린은 군 지휘부에 대한 숙청을 감행하였고, 사진에 등장하는 5명의 오성 장군 가운데 3명이 처형되었다. 이 과정에서 야전군 사령관 15명 가운데 13명, 군단 사령관 57명 가운데 50명, 사단 지휘관 186명 가운데 154명 등이 숙청되었다.

훈련의 측면에서, 북한은 군사적 효율성을 향상시키기 위한 정책을 추진하지 않는 듯하다. 많은 분석가들이 북한군의 훈련이 대부분 실제 군사교리의 학습보다는 친정부적 정치교화로 구성되어 있다고 믿고 있다. 그렇기에 북한이 예를 들어, 실제 화력연습등과 관련된 매우 제한된 자원을 갖고 있다고 믿는 것이 합리적일 것이다. 또한 외부 영향에 대한 두려움으로 인해 북한 역시 해외 군사훈련을 거의 허용하고 있지 않다.

정권의 안전을 위해서라면, 이러한 북한의 행동은 매우 합리적이다. 잘 훈련된 군부는 동시에 김정은 정권에 대한 잠재적인 쿠데타 위협세력이라 할 수 있기 때문이다. 하지만 이는 동시에 실제 전쟁이 발발했을 경우, 북한의 침략 시나리오에서 나타나는 통합군 작전을 위한 전술적·작전적 효율성을 위한 북한군의 훈련과 준비가 그리 잘 되어 있지 않을 것임을 의미한다.

명령체계 측면에서도, 북한은 그리 좋지 못한 모습을 보여주고 있다. 김정은이 의사결정권한을 자신에게 집중시키면서, 자신의 통제를 벗어난 군사작전을 허용하지 않고 있다는 지표가 있다. 일반적으로, 소련의 군사교리는 융통성이 있기보다는 매우 경직적이었으며, 소련군을 본떠 만들어진 북한군 또한 매우 경직적이라고 평가된다.

이러한 접근은 군부가 김정은 정권에 대한 전복 시도를 독자적으로 추진할 능력을 불가능하게 만든다는 점에서 이점이 있다. 그렇지만 이는 동시에 각 부대들이 행동을 취하기 전에 상부의 승인을 기다리게 만든다는 점에서 전쟁에서의 북한의 의사결정을 느리게 만들 가능성이 높다. 따라서 이 조치들은 남한을 대상으로 한 중요한 작전 시작에 필요한 공격적 기동전 등을 불가능하게 만들 것이다. 김정은이 북한군과 준군사조직을 다수의 하부조직으로 분할하고 있으며, 개인적으로 통제할 수 있는 복합적인 지휘계통을 만들고 있다는 사실을 고려해볼 때, 또한 전시 의사결정도 혼잡해지거나 심지어 마비될 수도 있다. 이는 1975년 남베트남이 직면했던 제일 큰 문제였다.

마지막으로, 북한군 내부에서의 정보교환에 대한 제한이 존재한다는 점을 알고 있다. 보통, 정보 통제는 북한 정권 통제의 핵심 도구로 작용하고 있으며, 정권에 대항하는 움직임을 가능하게 할 수 있다는 점에서 군대 내 여러 다른 부대와 병과 사이에서의 정보 교환을 가로막는 제한요인이 작용한다.

이러한 조치는 정권유지에는 유용하다. 하지만 북한군 부대들이 전쟁에서 잘 협조하고, 재빠르게 정보를 교환하고, 교훈을 나눌 수 없다. 정보통제에 대한 북한의 방식은 또한 북한의 정보기구들 대부분이 그들의 일반시민과 엘리트, 그리고 군부를 대상으로 운영되고 있다는 것을 보여준다. 이러한 정보기구의 운영은 일반적으로 전략적 환경을 정확하게 판단할 기구의 역량을 저해한다.

전반적으로, 여기에서 보여주고 있는 북한군의 단상이 실상과 일치한다면, 기술의 질적 균형이 어떠하든 간에, 그리고 양적 불균형에 상관없이 남한은 북한에 대해 전장에서의 중요한 이점을 누리고 있음을 알 수 있다. 남한은 인력과 장비 측면에서 양적인 주요한 이점을 누리고 있을 뿐만 아니라, 군사조직의 수완 자체에서도 북한정권이 강력한 군대를 건설하는 결과에서 기껏해야 양면적인 태도를 가진 것으로 보이기 때문에 추가적인 이득을 누리고 있다.

이에 더해, 북한이 남한의 영토보전을 위협하기 위해 추진해야 하는 재래식 작전의 유형은 근대 재래식 전쟁에서 가장 어려운 것 중 하나라 할 수 있다. 유능한 적에 대항하여 힘겨운 지형을 목표로 한 공격적인 통합군 기동작전의 수행은 미군과 이스라엘군과 같이 매우 숙련된 군대조차도 수행하기 어려운 작업이다.

　그래서 어떤 의미에서는 좋은 소식이다. 그렇지만 저자의 분석에서 제기될 수 있는 몇 가지 주요한 경고나 질문들이 있다. 첫째, 북한이 효율적인 군사력 창출에 어려움을 갖고 있다 하더라도, 북한은 여전히 다른 강점을 보유하고 있다. 이 중 하나는 단결력, 즉 심지어 패배의 순간에서도 나타날 수 있는 북한 인민군의 전투에 대한 의지라할 수 있다. 이념적 교화에 대한 북한의 강조는 보통의 군인들을 그들의 노력이 운이 다할지라도 믿을 수 없을 정도로 충실하게 이끌 수 있다. 이미 1980년대 이라크에 대항하던 이란군에서 이러한 예를 목격한 바 있다. 혁명에 대한 열정과 시아파의 순교자적 전통에 대한 가능성이 결합되어 미숙련된 군인을 의욕이 충만한 군인으로 변모시켰다. 그리고 이러한 열정이 비록 전쟁을 이란의 승리로 만들지는 못했지만, 전쟁을 장기전으로 끌고 가고, 사상자 수를 두드러지게 증가시켰다.

　김정은 정권이 북한 주민을 억압하는 수단으로 북한군을 사용하였기 때문에, 북한군 지휘부는 주민들에게 끔찍한 범죄행위를 저질렀다. 따라서 북한군 최고 지휘관들은 자기 자신들의 운명이 김정은 정권의 정치적 운명과 동일시할 수 있다. 이러한 경향은 북한 정권이 의도적으로 북한 장교단을 구성하였기 때문이기도 하다. 정권의 범죄에서 군부 지도자들의 공범관계는 그들이 비록 작전과 전술에 효율적이지 못하다 하더라도, 정권을 위해 더 헌신하게 만들 수 있다. 따라서 북한군의 단결력이 높을 수 있다는 가능성을 과소평가하지 않는 것이 중요하다.

　이를 넘어서, 우리는 어떻게 북한이 자신들의 재래식 전력의 효율성을 평가할 것인지와 이러한 평가의 영향이 무엇일지 고려해야 한다. 몇몇 권위주의 정권을 관찰하면서 나타난 한 문제점은 정확히 정보의 병리학적 측면으로 인해 벌어졌다. 즉, 권위주의 정권의 지도자들이 상대방에 비교하여 자신들의 전력에 대해 정확한 평가를 갖고 있지 못하는 경우이다. 그들은 실제보다 더 자신들이 더 효율적이라고 믿는 경향이 있다. 예를 들어 후세인은 1980년 이란 - 이라크 전쟁을 시작할 때와 1991년 쿠웨이트를 침공했을 때 명백하게 자신들의 역량을 과대평가했다.

그리고 독재국가의 장교단은 종종 전쟁이 어떻게 진행될지에 대해 최고 지도자가 내린 긍정적인 평가에 도전할 능력을 갖고 있지 못하는 경우가 많다. 아니면, 그들 스스로 좋은 평가를 내리게 할 충분한 정보를 갖고 있지 못하는 경우도 있다. 때문에 이는 승산이 낮은 전쟁의 발발로 귀결된다. 북한 역시 김정은의 장교들이 군부 행태의 결과를 지적할 능력이 없거나 의사가 없는 경우 그러한 계산착오를 할 수 있다.

그 대신에, 북한은 남한에 대한 그들의 재래식 전력의 실제 한계를 잘 인식할 수도 있다. 그렇지만 그러한 경우에 북한의 합리적 선택은 그들의 목적을 달성하기 위해 재래식 전력에 의존하지 않는 안보전략을 개발하는 것이다. 예를 들어 남한의 강점에 대한 북한의 약점을 맞붙일 직접적, 재래식 전력의 대결에 의존하는 것이 아니라, 서울을 위협할 수 있는 비대칭 전력을 개발하는 것이 좀 더 합리적일 것이다.

실제로 북한의 사이버와 WMD 역량, 특히 핵 프로그램 추구를 이러한 방향으로 노력이라고 보는 이들도 있다. 스카파로티(Curtis Scaparrotti) 장군 역시 UN 사령관을 수행할 당시 미 의회 증언에서 기본적으로 이러한 점을 지적한 적이 있다. 그렇기에 한미 연합군은 평시에 전쟁이 재래식 전쟁의 형태로 일어나지 않을 가능성에 대비해야 한다. 그리고 북한의 강압 시도와 관련하여 동맹군은 대비할 준비를 해야 한다.

제2부

한국 육군과 미래 전쟁

제2부에서 핵심 질문은 한국 육군이 미래 전쟁을 어떻게 준비할 것인가이다. 한반도에서 전쟁이 발발하는 것은 반드시 막아야 한다. 전쟁을 방지하기 위해서는 많은 방법이 있지만, 이 가운데 군(軍)이 해야 하는 것은 한반도 미래 전쟁을 준비하는 것이다. 이를 위해 전쟁이 일어나기 이전에는 전쟁을 억지/억제하기 위해 응징 능력을 갖추고, 최악의 경우 전쟁이 발발한 경우 사용할 수 있는 방어와 공격 능력을 구축해야 한다. 그렇다면 한국 육군은 지금까지 이러한 임무를 어떻게 수행하였는가? 그리고 이를 위해서 어떠한 노력이 필요한가? 이것이 제2부에서 다루는 핵심 사안이다.

우선 논의해야 하는 사항은 한국 육군의 군사혁신이다. 1990~1991년 냉전 종식 이후 2017년 지금까지 거의 한 세대 동안, 한국 육군은 특히 질(質) 측면에서 많이 발전하였다. 하드웨어 중심의 화려한 공군과 해군의 군사혁신과는 달리, 육군의 군사혁신은 지휘구조와 부대구조의 개편 등을 중심으로 많이 변화하였다. 그렇다면 우리는 이러한 변화를 어떻게 이해할 수 있는가? 그리고 그 역사적 궤적은 어떠하였는가?

이와 같은 논의는 과거 기록과 성과에 대한 검토이다. 하지만 이것이 중요한 이유는 과거의 기록과 성과가 현재 한국이 사용할 수 있는 군사력의 양(量)과 구성을 결정하기 때문이다. 그리고 이러한 한국 육군의 군사력 건설은 북한이라고 하는 유동적으로 움직이는 세력의 적대 행동에 대한 대응이다. 최근 북한이 비대칭 전력의 구축에 주력하고 있기 때문에, 한국으로는 이에 대응하는 비대칭 전력이 필요하다. 그렇다면 한국 육군으로는 어떠한 비대칭 전력이 필요한가? 그리고 육군이 이것을 구축화기 위해서는 어떠한 노력이 있어야 하는가?

미래 전쟁에 대한 대비는 기본적으로 군사혁신을 필요로 하지만, 모든 혁신은 실패의 위험성에 노출되어 있다. 따라서 군사혁신을 ― 모든 종류의 혁신을 ― 성공적으로 집행하기 위해서는 혁신의 실패 가능성을 감소시키는 것이 필요하다. 즉 '도약적 혁신'을 추구하기 위해서는 새로운 기술 등에 대한 검증이 필요하며, 이를 통해 미래 전쟁에 보다 잘 대비할 수 있다. 혁신이 혁신 자체를 위한 것이 아니라, 혁신을 통해 군사력을 보다 효율적으로 구축하기 위해서는 검증과정이 필요하다. 그렇다면 이러한 군사혁신의 검증은 어떻게 이루어져야 하는가?

제3장

한국 육군의 군사혁신과 미래에 대한 대비*

이수형

1 | 서론

근대 민족국가 탄생 이후부터 냉전이 종식될 때까지 근대 전쟁 패러다임의 일반성은 기본적으로 정부 - 군대 - 국민이라는 삼위일체에 입각한 것이었다. 전쟁과 전쟁 목표에 개입하는 실체들이라는 측면에서 정의될 수 있는 전쟁의 본질(the nature of war)은 국가의 합리적 이성이나 정치적 대의명분을 위한 민족국가들 간의 전쟁이었다. 갈등의 형태와 관련된 것으로 전쟁이 벌어지는 방법이라는 측면에서 정의

---

* 이 원고는 육군력 포럼 발표 후 다음과 같이 학술지 논문으로 게재되었다. 이수형, 「한국 육군의 군사혁신과 발전방향」, ≪글로벌정치연구≫, 제9권 2호 (2016. 12), 69~100쪽.

될 수 있는 전쟁수행방식(the conduct of war)은 근대 산업기술을 기반으로 하여 대규모 군대가 대량무기를 통해 수행하는 산업적 소모전이자 기동전이라는 양상을 보였다. 이러한 근대 전쟁 패러다임의 일반성에서는 전쟁과 평화의 경계선이 존재했고 민간 영역과 군사 영역의 구별이 가능했으며, 민간 영역보다는 군사 영역에서 더 많은 공격 목표물을 찾는 경향이 강했다.

그러나 냉전종식 이후 미국이 처음으로 참전한 1991년 페르시아 걸프 전쟁(Gulf War)은 근대 전쟁 패러다임을 변화시키는 하나의 분수령이 되었다. 걸프 전쟁을 통해 미국은 기존의 전쟁 수행방식과는 차원이 다른 정보전(Information Warfare)[1]이라는 새로운 종류의 전쟁 수행방식을 선보였기 때문이었다. 이를 계기로 당시 군사안보담론에서는 군사혁신(RMA: Revolution in Military Affairs)[2]이란 용어가 최대의 화두로 등

---

[1] 정보전에 대한 개념은 상당히 다양한 의미를 내포하고 있고 정보 자체에 대한 의미가 다양하기 때문에 이를 개념정의하기란 쉽지 않다. 특히 정보전은 각자의 상황에 따라 다양하게 정의될 수 있고 정보전의 영역, 행위주체, 책임소재 등에 따라 정의 내리기가 달라질 수 있다. 정보전과 관련하여 한국정치학회와 한국국제정치학회에 발표된 국내 연구성과를 소개하면 다음과 같다. 이정민, 「정보전쟁이 한국안보에 미치는 영향」, 한국국제정치학회 1998년도 학술회의 발표논문(1998년 6월 12일); 전웅, 「정보화시대의 국가안보: 가상 정보전을 중심으로」, 한국국제정치학회 춘계학술회의 발표논문(2000년 4월 15일); 길정일, 「사이버시대의 안보개념의 변화」, 한국국제정치학회 추계학술회의 발표논문(2000년 10월 6일); 이수형, 「정보혁명의 정치·군사적 함축성과 정보전」, 한국국제정치학회 추계학술회의 발표논문(2000년 10월 6일); 정춘일, 「정보화시대의 전쟁양상」, 한국국제정치학회 연례학술회의 발표논문(2000년 12월 15일); 장노순, 「합리적 억지이론의 한계: 정보전을 중심으로」, ≪국제정치논총≫, 제41집 4호 (2001), 29~45쪽.

[2] RMA의 한국어 번역으로는 군사분야혁명이 보다 더 적절하다고 판단된다. 왜냐하면 전쟁의 성격과 전쟁수행방식이란 측면에서 RMA가 내포하고 있는 군사적

장하여 미국을 비롯한 세계의 주요 국가들이 미국식 군사혁신을 모방 또는 추종하는 흐름이 형성되었다. 한국의 경우도 예외는 아니었다. 한국 역시 국방부 차원에서 1999년 4월 군사혁신기획단을 설치하여 한국적 군사혁신의 비전과 방책을 개발하고자 하는 노력을 보여왔다.

이런 맥락에서 이 글의 목적은 냉전종식 이후 변화된 국제안보환경에서 군사혁신이 등장하게 된 배경을 제시하고 한국 육군의 군사혁신의 주요 내용과 향후 한국 육군이 지향해야 할 군사혁신의 발전방향을 제시하는 것이다. 이러한 연구목적을 달성하기 위한 이 글의 논리체계는 다음과 같다.

먼저, 이 글의 제2절(국제안보환경의 변화와 군사혁신)에서는 지구화(Globalization)와 정보혁명(Information Revolution)이 국제안보 환경에 미친 영향을 제시하고자 한다. 이를 토대로 군사혁신에 대한 다양한 입장을 소개하고 군사혁신과 미국의 군사안보전략과의 구조적 연계성을 살펴보고자 한다. 이는 기본적으로 군사혁신이라는 것은 미국의 군사안보전략의 핵심과제로 추진되고 있다는 필자의 판단에 따른 것으로 미국과 동맹관계에 있는 한국은 군사혁신을 추진할 때 이 점을 반드시 고려해야 할 필요가 있기 때문이다. 제3절(한국의 국방개혁의 흐름과 군사혁신)에서는 노태우 정부 때부터 이명박 정부에 이르기까지 한국의 국방개혁의 일반적 변천과정을 검토하고 그 가운데에서 한국의 군사혁신의 주요 내용을 육군 중심으로 살펴보고자 한다. 왜냐하면 한국의 군사혁신은 국방개혁이라는 흐름에서 이루어져 왔기에 국방

함의는 이전 시대와의 연속성보다는 근본적 변화성을 강조하고 있고, 또한 RMA는 단순히 기술적 요소의 변화 이외에 사회·경제적 요소들의 변화가 갖고 있는 군사적 함의를 상대적으로 강조하기 때문이다. 그러나 여기에서는 국방부에서 공식적으로 사용하고 있는 군사혁신이라는 용어로 사용하고자 한다.

개혁의 변화과정에서 한국 육군의 군사혁신을 논의하는 것이 적절하다고 판단되기 때문이다.

일반적으로 노태우 정부 때부터 이명박 정부에 이르기까지 한국의 국방개혁은 818 국방개혁, 국방개혁 2020, 국방개혁 307의 변화과정을 겪으면서 지휘구조, 병력구조, 부대구조, 전력구조라는 4대 분야를 중심으로 이루어져 왔다. 이 중에서도 한국의 군사혁신에 직접적으로 해당되는 부분은 전력구조라 할 수 있다. 물론 군사혁신의 영역과 변화의 의미는 나머지 3대 분야 모두에 걸쳐 직·간접적으로 연계되어 있는 것이 사실이지만 한국의 경우에는 군사혁신에 지대한 영향을 미치는 북한의 위협과 한미동맹이라는 변수가 있기 때문에 이 글에서는 되도록 군사혁신의 기술적 측면에 초점을 두고자 한다. 이런 점에서 이 글에서 다룰 한국 육군의 군사혁신의 주요 내용도 기술적 측면에 국한시키고자 한다.

마지막으로 이 글의 제4절(한국 군사혁신의 발전방향)에서는 미래에 대한 대비 차원에서 육군의 군사혁신의 발전방향을 제시하고자 한다. 여기에서는 우리의 독자적인 군사전략 개념의 형성·발전의 필요성에 대한 강조와 군사력 운용의 혁신 차원에서 육군 전력의 차별화 도모의 필요성을 제시하고자 한다.

2ㅣ 국제안보환경의 변화와 군사혁신

2.1ㅣ 지구화와 정보혁명의 영향

일반적으로 냉전시대 국제안보환경은 영토에 기반을 둔 국민국가를 주된 행위자로 하면서 군사력의 중요성을 강조하고 위협의 명확한 가시성과 동맹을 축으로 한 진영 대 진영의 세력균형 체제를 통해 운영·관리되었다. 그러나 냉전종식을 계기로 국제안보환경은 급격한 변화의 양상을 보여왔다. 특히 국제안보환경의 변화 과정에서 지구화와 정보혁명은 새로운 국제안보환경의 형성에 지대한 영향을 미치고 있다.

먼저, 지구화는 국제관계 행위자들 간의 다양한 쟁점 영역에 걸친 상호의존의 증대와 밀접한 관련이 있다. 코헤인(Keohane)과 나이(Nye)는 상호의존과 지구주의를 통해 지구화를 정의한다.[3] 상호의존은 상이한 나라들에서 국가들 혹은 행위자들 간의 호혜적 영향으로 특징되는 상황을 의미한다. 지구주의는 하나의 연계가 아닌 다층적 관계와 다대륙적 거리를 포함하는 두 가지 특성을 가진 상호의존의 유형인 것이다. (탈)지구화는 이러한 지구주의의 증감인 것이다. 이러한 지구주의는 보편성을 의미하지 않으며 경제적·군사적·환경적·사회문화적 지구주의 등으로 구분할 수 있다. 그러므로 지구화는 국제경제의 세계적 단일화도 아니고 순수한 경제적 현상 그 이상이라 할 수 있다. 즉, 지구화는 재화와 자본의 이동에 영향을 미칠 뿐만 아니라 인간들과 생각의 순환에도 영향을 미치며, 국가들이 작동하는 외적 맥락뿐만 아니라 국가와 정치공동체의 성격을 변화시키는 과정인 것이다.[4]

이처럼 국내적 맥락과 국제적 맥락의 상호연계와 상호의존의 증

---

3   Robert Keohane and Joseph S. Nye, "Globalization: What's New? What's Not?(And So What?)," *Foreign Policy* 118 (Spring 2000), pp. 105~107.

4   Jean-Marie Guéhenno, "The Impact of Globalization on Strategy," *Survival*, 40-4 (1988~1999), p. 7.

대로 정의될 수 있는 지구화가 국제정치에 미치는 가장 중요한 영향
은 지구 전체를 하나의 단위로 인식함에 따라 근대 국가체제 형성 이
래 국제정치에서 핵심적 위치를 차지해왔던 영토 단위의 국가개념을
약화시키고 있다는 점이다. 지구화의 이러한 영향은 제한된 공간적
영역에서 배타성을 가지고 있는 국가 주권의 절대성을 부정하는 것이
자 전통적으로 국가가 독점해온 다양한 쟁점 영역(예를 들면 외교, 경제,
군사안보 등)의 탈국가화를 촉진시킨다는 점이다.

　이러한 지구화의 영향으로 21세기 국제안보환경에서는 안보 주
체의 다양화와 새로운 성격의 안보위협의 등장을 경험하게 되었다.[5]
안보 주체의 다양화라는 측면에서 기존의 국가뿐만 아니라 각종 국제
기구 및 테러·마약 집단, 그리고 심지어는 체제 불평불만 집단 등 비
국가 행위자들이 국제관계의 전면에 등장하게 되었다. 새로운 안보
위협의 등장이라는 측면에서 과거 국가 중심의 군사적 위협 차원을
넘어서서 비국가 행위자들에 의한 국제적 테러리즘, 마약 밀매, 인종
분규에 기인하는 인권유린 등 초국가적 행위를 포함하는 초국가적 위
협(Transnational Threat)[6]의 심각성이 증대되고 있다. 또한 기존의 기준

5　Graham Allision, "The Impact of Globalization on National and International
　Security," in Joseph S. Nye Jr. and John D. Donahue (eds.), *Governance in
　a Globalizing World*(Washington, DC: Brookings Institution Press, 2000),
　pp. 72~85.

6　초국가적 위협은 국가 영역을 뛰어넘어 행위의 반경이 지구적인 위협으로 정의
　된다. 초국가적 위협은 정치·경제적 의제와 같은 공통의 특성과 목적을 달성하
　기 위해서 필요할 경우에는 폭력을 사용하고 대량인명살상을 가할 의지와 능력
　을 공유한다. 초국가적 위협에 대한 미국의 법적 정의에 따르면, 국제적 테러리
　즘, 마약밀매, 대량살상무기의 확산, 그러한 무기들을 위한 운반체계 및 조직적
　범죄와 같은 행위를 구성하면서 미국과 미국의 동맹국들을 위협하는 초국가적

이나 규범에서 벗어나 자신의 이점을 극대화하고 적의 약점을 이용하여 주도권을 잡거나 더 많은 행동자유를 얻기 위해서 적과는 상이한 방식으로 행동, 조직, 그리고 사고하는 비대칭 위협(Asymmetric Threat)[7]이 등장하였다. 특히, 비국가 행위자에 의한 초국가적·비대칭적 안보위협은 본질적으로 어느 한 나라의 능력만으로는 이에 대한 효율적 예측·대비를 할 수 없는 새로운 안보위협인 것이다.

한편, 지구화 못지않게 21세기 새로운 국제안보환경의 형성에 지대한 영향을 미치는 것이 정보혁명이다. 슈와츠슈타인(Schwatzstein)에 의하면, 정보혁명은 일반적으로 컴퓨터의 성능향상과 네트워크의 발달에 힘입어 정보를 저장하고 전달하는 수단, 그리고 정보의 생산, 배포, 사용 및 확대재생산 과정에서의 대변혁으로 이해된다.[8] 이러한 정보혁명은 지구화와 맞물려 인류 문명의 중요한 특징이자 대부분의 권

행위를 포함한다. US Defense Science Board, *DoD Responses to Transnational Threats*, Vol. 1 Final Report (Washington, DC: US GPO, October 1997), p. ix.

7 메츠(Metz)에 의하면, 미 합참이 비대칭이란 용어를 처음으로 공식 사용하였다. Steven Metz, "Strategic Asymmetry," *Military Review*, July/August 2001. 초국가적 위협이 비국가 행위자에 의한 위협에 초점을 둔다면, 비대칭·위협은 이러한 측면뿐만 아니라 국가 행위자에 의한 비대칭적 갈등 양상까지 포함하고 있다. 따라서 비대칭적 위협은 행위자의 능력, 의존성, 취약성, 그리고 가치의 비대칭과 관련이 있다. 이에 대해서는 다음을 참조. David L. Grange, "Asymmetric Warfare: Old Method, New Concern," *National Strategy Forum Review*, 10-2 (Winter 2000); Ivan Arreguin-Toft, "How the Weak Win Wars: A Theory of Asymmetric Conflict," *International Security*, 26-1 (Summer 2001), pp. 93~128.

8 Stuart J. D. Schwatzstein, "Introduction," in Stuart J. D. Schwatzstein (ed.), *The Information Revolution and National Security* (Washington, DC: CSIS, 1996), p. xv.

위와 권력, 그리고 지휘통제를 1000년 이상 지속시켜온 위계적 제도(Hierarchical Institutions)들을 약화시키고 있다.[9] 그 결과 오늘날 세계는 일련의 상호 연계된 네트워크 조직으로 재구성되고 있으며 전통적인 위계주의의 통제없이 각기 접촉하고 있다. 이러한 추세에 의해 국민국가들은 한편으로는 국제안보, 무역, 그리고 사회조직들에 의해 통합적 양상을 보이면서도 다른 한편으로는 국가를 분열시키고자 하는 하위국가적 운동에 의해 분열적 양상을 보이고 있다.[10]

따라서 정보혁명의 영향으로 오늘날 국가는 기존의 위계주의 제도들과 새롭게 출현하는 네트워크 조직을 어떻게 잘 조화시켜나갈 것인가라는 매우 중요한 문제에 봉착해 있고, 또한 국가들은 아마도 비국가 행위자들과의 협력 없이는 자신의 활동영역을 제한받을 것이다. 그러나 정보혁명의 영향에도 불구하고 국가와 국가체제의 지속성은 유지될 것이다. 과학기술혁명이 국제관계에 미친 영향을 분석한 스콜리니코프(Skolinikoff)의 견해에 따르면, 정보혁명이 국제관계이론의 현실주의 학파와 상호의존학파에게 일부 가정의 재고를 요구할 것이지만 국제체제에서 국가가 지배적인 구조적 요소라는 점을 의심할 여지가 없다는 것이다.[11] 정보혁명의 영향에도 불구하고 국가의 지속성이

---

9   Brian Nichiporuk and Carl H. Builder, "Information Technologies and the Future of Land Warfare," in John Arquilla and David Ronfeldt (eds.), *In Athena's Camp: Preparing for Conflict in the Information Age* (Washington, DC: RAND, 1997), p. 297.

10 Norman Davis, "An Information-Based Revolution in Military Affairs," in Arquilla and Ronfeldt (1997), p. 87.

11 Eugene B. Skolnikoff, *The Elusive Transformation: Science, Technology, and the Evolution of International Politics* (Princeton, NJ: Princeton University Press, 1993), pp. 241~246.

강조되는 이유 중 하나는, 아마도 다른 어떠한 정치단위도 국민국가가 제공해주는 심리적 귀속성을 고취시킬 수 없을 뿐만 아니라 현실적으로 국가는 국내외에서 다른 어떤 조직보다도 결정적 이점을 누리고 있기 때문이다.[12]

정보혁명의 영향은 비단 국제관계 일반에만 국한된 것이 아니다. 오히려 보다 중요한 측면은 정보혁명이 전쟁의 양상에 미치는 영향이다. 특히 정보통신기술의 눈부신 발전에 힘입어 각종 정찰·감시 장비를 동원하여 전장 상황의 투명성을 극대화할 수 있는 정보지배, 컴퓨터 네트워크화된 최첨단 정밀무기, 그리고 정보우위를 총체적으로 제공하는 구성요소들의 통합을 의미하는 체계의 체계(system of systems)[13]를 통한 합동작전이 가능하게 됨에 따라 과거와는 비교할 수 없을 정도로 전쟁의 양상을 근본적으로 변화시키고 있다.

이상에서 살펴보았듯이, 새롭게 형성되고 있는 국제안보환경에서 과거와 같은 군사 강대국 간의 결정적 조우로 상징되는 일반적 전쟁모델의 효용성은 상실되고 있으며,[14] 국가들 간의 군사력 사용과 위협은 세계의 특정 지역에서는 사실상 사라지게 되었고,[15] 과거 국제체제에서 강자의 특권이었던 전쟁 수행이 점차적으로 약자의 전술

---

12   John Garnett, "Why Have States Survived for so Long?," in J. Baylis and N. Rengger (eds.), *Dilemmas of World Politics: International Issues in a Changing World* (Oxford: Clarendon Press, 1992), pp. 61~84.

13   Martin C. Libicki, "Halfway to the System of Systems," in Ryan Henry and C. Edward Peartree (eds.), *The Information Revolution and International Security* (Washington, DC: CSIS, 1998), p. 129.

14   John Keegan, *A History of Warfare* (New York: Knopf, 1993).

15   Keohane and Nye, "Globalization: What's New? What's Not? (And So What?)," p. 116.

로 변해가고 있다.[16] 이러한 측면은 무엇보다도 지구화가 국제안보환경에 미친 영향과 밀접한 관계가 있으며 향후 국제분쟁의 양상은 군사기술상의 진보보다는 변화된 국제정치구조의 결과에 더 많은 영향을 받을 것이다.

그러나 국제분쟁에 대한 강대국들의 대응방식은 정보통신기술을 적극 활용하는 방향으로 나아갈 것이다. 강대국들은 불안정을 잠재우고 혼란을 억제하고 호전적 세력들을 진정시키고 잘못을 바로잡을 수 있는 상황을 끊임없이 표명해야 한다.[17] 그 결과 미래의 군사력은 소규모 전력의 전개능력과 기동성, 병참지원능력, 그리고 지속성과 같은 전력을 강조할 것이다. 이러한 능력은 기본적으로 군사혁신에 토대를 두고 이루어질 것이다.

2.2ㅣ 군사혁신과 미국의 군사안보전략

지난 1991년에 발생한 걸프 전쟁을 계기로 군사혁신이란 용어는 군사안보담론에서 최대의 화두로 등장하였다. 사실 군사혁신이란 용어는 1960년대 소련 군부에서 처음으로 고안된 용어였으나, 1980년대 후반에 들어와 미국의 국방관계자들이 정보혁명의 군사적 함의에 관심을 가지면서 일반화되었다. 처음 미국의 국방관계자들은 기술적 요소들의 군사적 함의를 강조하는 차원에서 군사기술혁신(MTR: Military Technical Revolution)이라는 용어를 선호했었다.[18] 그러나 1990

---

16 Michael Mandelbaum, "Is Major War Obsolete?," *Survival*, 40~4 (1998~1999), p. 35.

17 Lawrence Freedman, "The Changing Forms of Military Conflict," *Survival*, 40-4 (1998-99), p. 39.

년대 중반부터 미국의 국방관계자들은 기술적 요소보다는 사회·경제적 요소들의 변화가 갖는 군사적 함의를 중시하여 군사혁신을 선호하게 되었다.

군사혁신이 무엇이며 어떻게 이것이 가능하고 또한 군사혁신이 전쟁의 성격 및 전쟁수행방식에 어떠한 영향을 미치는가라는 문제에 관해서는 의견이 매우 다양하다. 반 크레벨드(van Creveld)는 도구의 시대, 기계의 시대, 시스템의 시대, 그리고 자동화의 시대라는 과학기술사적 차원에서,[19] 린드(Lind)는 변화의 주요 촉매제로서 기술과 발상의 전환을 통해 근대 이후부터 제1세대, 제2세대, 제3세대, 그리고 제4세대라는 전술의 변화 차원에서,[20] 크레피네비치(Krepinevich)는 14세기의 보병 혁명부터 20세기의 핵무기 혁명 때까지 열 번의 군사혁신에서 기술의 변화, 체계의 발전, 운용의 혁신, 그리고 조직의 적응이 중요하다고 주장하였다.[21] 또한 헌들리(Hundley)는 군사적 패러다임의 전환과 새로운 전쟁 차원의 측면에서,[22] 오할론(O'Hanlon)은 단일

---

18 이러한 측면은 걸프 전쟁 당시 체니(Richard Cheny) 미 국방장관의 발언을 통해 확인할 수 있다. 걸프 전쟁 직후, 체니 미 국방장관은 걸프 전쟁은 군사기술 혁명으로 불려져 왔던 새로운 가능성을 극적으로 보여주었다고 주장하였다. US DoD, *Conduct of the Persian Gulf War,* Final Report to Congress (Washington, DC: US GPO, April 1992), p. 164.

19 Martin van Creveld, *Technology and War: From 2000 B.C. to the Present* (New York: The Free Press, 1989).

20 William Lind (et als), "The Changing Face of War: Into the Fourth Generation," *Military Review* 69-10 (1989), pp. 2~11.

21 Andrew Krepinevich, "Cavalry to Computer: The Pattern of Military Revolutions," *The National Interest*, 37 (1994), pp. 30~42.

22 Richard O. Hundley, *Past Revolution and Future Transformations* (Washington, DC: RAND, 1999), pp. 9~11.

의 지배적인 무기기술의 발전, 유무형의 안보자원의 조직화 방법, 그리고 군사기술의 통합적 연계의 측면에서,[23] 아키야(Arquilla)와 론펠트(Ronfeldt)는 혼전(mêlée), 집단전(massing), 기동전(maneuver warfare), 그리고 스워밍(swarming)이라는 정보의 교환과 소통방식의 차원에서 군사혁신과 전쟁수행방식의 변화를 논의한다.[24]

이처럼, 군사혁신을 바라보는 학자들의 입장은 매우 다양하다. 따라서 상대적으로 기술적 요소들을 강조하느냐 아니면 사회·경제적 요소의 측면을 강조하느냐에 따라 군사혁신의 정의 및 주요 특징이 달라질 수 있다. 그러나 이와 같은 학자들의 다양한 입장과 관계없이 군사혁신과 관련하여 가장 중요한 점은 새로운 안보환경에서 미국 및 미국의 동맹국들의 이익을 보호하기 위한 안보정책 논쟁에 관한 미국의 개념이자 미국의 군사안보전략이라는 점이다.

이런 맥락에서 미국의 군사안보전략의 핵심적 과제로 추진되고 있는 군사혁신은 정보통신기술의 발전 못지않게 냉전체제의 붕괴와 밀접한 연계성을 가지고 있다. 정밀유도, 장거리 유도·통제무기의 개선, 표적 식별과 획득, 지휘통제 케뮤니케이션(C3), 그리고 전자전(electronic warfare)과 같은 군사혁신의 핵심적 기술들은 이미 1970년대에 등장했으나[25] 냉전체제라는 당시의 정치적 환경 때문에 군사혁신

---

23   또한 오한론은 컴퓨터와 전자분야, 감지장치, 최첨단 군사력의 전개능력과 기동성, 공격력, 그리고 우주무기, 에너지 빔과 같은 기술적 전제들을 어떻게 받아들이냐에 따라 군사혁신에 대한 주요 사상학파를 체계의 체계학파, 지배적인 전장상황학파, 지구적 거리, 지구적 권력학파, 그리고 취약성의 학파로 구분한다. Michael O'Hanlon, *Technological Change and the Future of Warfare* (Washington, DC: Brookings Institution Press, 2000), pp. 7~31.

24   John Arquilla and David Ronfeldt, *Swarming and the Future of Conflict* (Santa Monica, CA: RAND, 2000).

이 구체적으로 표출·실현되지 못했다. 그러나 냉전체제의 붕괴는 재래식 전력의 혁신에 대한 이러한 제한성을 완화시켰고 이제 강력한 적이 더는 존재하지 않는 상황에서 자신이 원하는 방식으로 전쟁을 수행할 수 있게 되었다는 것을 의미한다.[26]

냉전체제의 붕괴와 더불어 새로운 안보환경에서 등장한 초국가적 안보위협이나 비대칭 위협에 맞서 미국은 전 세계에 걸쳐 있는 자국의 이익을 보호해야 할 뿐만 아니라 미국의 주요 동맹국들의 이익을 보호하기 위한 공동의 방어체제 구축을 위해 효율적인 지역적 네트워크를 구축·확장해야 하는 이중적 정책도전에 직면해 있다. 따라서 미국은 전 세계에 걸쳐 있는 자신의 이익을 보호할 수 있는 일방주의적 군사능력을 유지·발전시키는 동시에 유럽 - 대서양 - 아시아에 걸친 안보지대를 형성하여 동맹국들과의 효율적인 연합작전을 주도할 수 있는 군사능력을 유지해야 할 필요성이 있는 것이다. 바로 이러한 목적을 달성하기 위한 전략의 일환으로 추진되고 있는 것이 군사혁신이다. 특히, 초국가적 위협이나 비대칭적 위협에 대응하기 위해 미국은 향후 자국이 주도하는 군사작전들에서 주로 동맹 국가들과의 군사적 상호운영성의 중요성을 강조하고 있다. 요컨대 냉전시대 미국이 과거 소련에 대한 확장된 억지전략을 추구했다면, 탈냉전시대 새로운 안보환경에서 미국은 군사혁신을 통해 자신과 동맹국들의 이익을 보호하기 위해 확장된 지역 네트워크 전략을 추진하고 있다고 볼 수 있다.

25 Richard Burt, *New Weapons Technologies: Debate and Directions*, Adelphi *Paper 126*(London: IISS, 1976), p. 3.

26 Lawrence Freedman, The Revolution in Strategic Affairs, *Adelphi Paper 318* (London: IISS, 1998), pp. 19~32.

3 | 한국의 국방개혁의 흐름과 군사혁신

3.1 | 한국 국방개혁의 역사적 궤적

한 나라의 국방정책은 좁게는 국방목표를 넓게는 국가목표를 원활히 추진할 수 있도록 하기 위한 군사적 방책이라 할 수 있다. 건군 초기부터 한국의 국방정책의 기본방향은 국방 역량의 육성과 방위력의 향상을 기하여 북한보다 우위의 군사력을 유지한다는 데 초점을 두고 전개되어왔다.[27] 1970년대 초반에 들어와 한국의 국방정책은 군사력 건설과 군·부대 구조 등과 같은 분야를 포함한 정책발전 방향과 정책지침의 체계성을 갖추고 국내외 정세와 안보환경을 주시하면서 위협요인을 능동적으로 평가하여 국가 및 국방목표의 달성을 위한 자주국방태세를 구축한다는 시대적 요청에 부응하여 계속 발전해왔다.[28]

특히, 1980년대 후반에 들어와 국방정책의 변화를 추동시키는 남북관계와 국제안보환경의 근본적 변화에 부응하여 한국은 지속적인 국방개혁을 추진해왔다. 여기에서는 냉전종식 이후부터 이명박 정부에 이르기까지 한국 국방부가 추진해온 주요 국방개혁의 변화를 지휘구조와 전력구조, 그리고 부대구조를 중심으로 살펴보고자 한다.

먼저, 노태우 정부 때 시작된 국방개혁으로 이는 3단계에 걸친 장기국방태세발전방향이라는 소위 818 국방개혁이다. 지휘구조의 측면에서 818 국방개혁은 전략상황과 자원관리 및 지휘통제 면에서 통

---

27 국방군사연구소, 『국방정책변천사, 1945~1994』(서울: 국방군사연구소, 1995),
    1쪽.
28 같은 책, 2쪽.

합군 체제로 발전함이 가장 바람직하나 현실적 여건 등을 고려하여 한국형 합동군제를 기본으로 한 국방참모총장제를 채택하게 되었다. 이에 따라 국방기본조직체계는 ① 국방부 본부는 국방정책 수립 및 자원획득 배분, 집행 및 통제 ② 국방참모본부는 군사력 건설 소요결정 및 군사력 운용 ③ 각 군 본부는 군사력의 건설 및 유지·발전과 행정 및 군수지원 기능을 갖도록 하였다.[29]

창군 42년 만에 추진된 지휘구조 개편으로 합참의장의 형식적인 군령보좌로 인하여 각군 총장에게 집중된 권한은 국방부장관의 직속 보좌기구인 합동참모본부로 이양됨에 따라 군령은 합참의장을 통하여, 군정은 각 군총장을 통하여 분할 수행하게 됨으로써 권한의 집중화 현상을 제도적으로 방지할 수 있음은 물론 장관의 문민통제체제를 보장할 수 있게 되었다.[30] 또한 각 군 간의 중복된 업무 및 노력을 통폐합하여 일원화함으로써 국방 자원관리의 효율성을 증진할 수 있게 되었으며, 3군 총장제를 유지한 채 합참의 해공군 장교의 편성비율을 대폭 상향 조정함으로써 국방정책 수립 및 의사결정 과정에 3군이 최대한 참여할 수 있음은 물론 3군의 균형발전을 보장할 수 있게 되었다.[31]

한편 전력구조와 관련해서, 노태우 정부는 북한을 경쟁과 대결, 적대의 대상으로서가 아니라 민족의 일부로 포용하여 상호신뢰를 구축하려고 시도하였다.[32] 그러나 국방정책에서 북한을 바라보는 인식

---

29 공보처, 『제6공화국실록: 노태우대통령 정부 5년(외교·통일·국방)』(서울: 공보처, 1992), 570쪽.
30 같은 책, 576쪽.
31 같은 책, 576쪽.
32 이민룡, 『한국안보 정책론』(서울: 진영사, 1996), 117쪽. 또한 노태우 정부는

상의 전환에도 불구하고 노태우 정부의 군사전략 개념의 핵심적 근간은 적이 도저히 감내할 수 없는 철저한 보복을 받게 될 것이라는 입장에서의 전쟁억제와 평화보장, 그리고 자주 국방력을 기반으로 하는 한미연합 방위태세의 공고화이다.[33] 즉, 전쟁억제와 평화보장 노력에도 불구하고 북한이 전쟁을 도발했을 경우, 전면전 수준에서 나타난 군사전략 개념은 공세적 방어개념에 입각해 수도권의 안전을 절대 확보하고 호기 포착 시에는 즉각적인 반격으로 공세이전하여 북한지역의 실지를 회복, 국토통일의 전기를 조성하는 것으로 적극적 방위전략에 따른 통일기반을 조성하는 것이라고 볼 수 있다.[34]

이러한 군사전략 개념에 입각하여 군사력 운용은 입체기동전 개념을 도입, 전장에서 가용한 모든 전력과 수단을 유기적으로 통합하여 충격과 마비효과를 최대화할 수 있도록 한다는 것이다. 이를 위한 군사력 건설은 자주적 방위전력을 단계적으로 확보하고 장기 구도하에 억제전력을 점진적으로 확보하여 군사전략의 구현을 실질적으로 뒷받침한다는 개념으로 구상되었다. 상비전력은 필수 수준으로 정예화하고 동원전력을 최대한 강화시키며, 군사력 소요는 통합전력 발휘를 보장한다는 기본 원칙하에 한국적 작전환경, 가용자원의 제한

북방정책을 통해 통일외교정책에서도 기조전환을 시도하여 1991년 남북한 유엔 동시가입, 1991년 12월 남북한 간 화해, 불가침, 교류와 협력조약과 한반도 비핵화 공동선언 등 남북한 관계에서 상당히 중요한 합의를 이끌어냈다.

33 국방부, 『국방백서 1988』 (서울: 국방부, 1988), 101~102쪽; 국방부, 『국방백서 1989』 (서울: 국방부, 1989), 123~124쪽; 국방부, 『국방백서 1990』 (서울: 국방부, 1990), 139~140쪽; 국방부, 『국방백서 1991-1992』 (서울: 국방부, 1991), 165~166쪽; 국방부, 『국방백서 1992-1993』 (서울: 국방부, 1992), 81~82쪽.

34 이수형, 「노태우·김영삼·김대중 정부의 국방정책과 군사전략개념: 새로운 군사전략개념의 모색」, ≪한국과 국제정치≫, 제18권 제1호 (2002), 178쪽.

성, 작전효율성, 군비통제 상황 등을 종합적으로 고려하여 고가의 고성능 무기와 저가의 저성능 무기를 적절히 배합하는 개념(high-low mix)에서 판단되었고, 해공군의 전력비중을 점차로 높여 통합 차원의 전력균형화를 도모하되 주한미군 감축에 따른 전력보전에 우선순위를 부여하였다.[35]

김영삼 정부에서의 국방개혁은 커다란 변화 없이 노태우 정부의 그것을 계승했다고 볼 수 있다. 다만, 평시작전통제권 환수에 따른 위기관리능력의 제고와 자주적 합동군사기획 및 통합군사력 운용체제를 갖추기 위해 국방부, 합참, 각군 본부 등의 조직 및 기능체계를 보완하였다. 부대구조와 관련하여, 지상군의 경우 입체고속기동전 수행을 보장하기 위한 전략 및 전술정보부대 발전에 중점을 두었고, 향후 발전시켜야 할 과제로 병력집약형 부대구조를 장비·기술집약형으로 전환시키고 지상군 중심의 전력구조를 해공군력이 강화된 형태로 발전시키는 일 등을 지속적으로 연구, 추진하였다.[36]

군사혁신의 중요성이 보다 부각되고 있는 시점에서 출범한 김대중 정부에서의 국방개혁은 21세기를 대비한다는 차원에서 다음과 같은 배경에서 추진되었다. 첫째는 우리 군이 지향하고 있는 미래 군은 정보화·과학화된 '작지만 강한 군대'가 되는 것이다. 둘째, 통일까지를 고려한 미래의 변화에 적응하는 개혁으로 미래전에 대비함과 더불어 미래의 국내외 상황에서 발생 가능한 여러 변화에 능동적으로 적응하는 방향으로 추진되어야 한다. 셋째, 한국적 전장 환경에 부합하

---

35 국방군사연구소, 『국방정책변천사, 1945~1994』, 315~316쪽.

36 공보처, 『변화와 개혁: 김영삼정부 국정 5년 자료집(정치·외교·통일·국방)』 (서울: 공보처, 1997), 573쪽.

고 '야전형 국군'으로 거듭나는 개혁이 되어야 한다. 넷째, 합동군 체제를 유지한 가운데 군 작전과 운용의 통합성·합동성을 제고하는 방향에서 추진되어야 한다. 다섯째, 미래전에 대비하여 군의 과학화·정보화를 이룩하는 개혁이 되어야 한다. 마지막으로, 국민의 지지와 성원을 받는 개혁으로 국민의 군대로의 변화이다.[37]

이러한 배경에서 시작된 김대중 정부에서의 국방개혁에서 지휘구조는 국방부본부 및 합동참모본부를 개편하여 합동군사교리 발전, 독자적 전력계획 발전, 군사력 소요개념 발전 및 전력통합발휘 기능을 강화하였다. 이에 따라 일부 국방부에서 시행했던 방위력개선 집행기능을 각군에 이관하고 분산된 C4I 기능을 지휘통신참모부(육군: 정보체계참모부)로 통합하였다. 특히, 육군은 지휘구조 측면에서 C4I 발전을 바탕으로 전방의 2개 야전군사령부를 해체하고 이를 하나의 지상작전사령부(가칭)로 창설하고 축선별 작전을 담당하는 군단의 기능을 보완, 후방 지역의 2개 군단사령부를 해체하는 것이다.[38]

부대구조 측면에서는 기동군단, 특전부대 및 항공부대 등이 현대전의 임무 수행에 부응할 수 있는 구조로 개선하는 것이다. 기동군단은 한반도의 착잡한 지형 여건을 고려하여 작전의 융통성을 보장할 수 있는 구조로 개편한다. 특전부대의 경우에는 예견되는 다양한 형태의 위협에 대비하기 위하여 현재의 일률적인 편성에서 임무 위주의 부대구조로 개편하는 것이다. 항공부대의 경우에는 현재 지원 위주로 분산, 운영되는 육군 항공전력을 공세적 집중 운용체제로 전환하는데 주안을 둔다.[39] 한편, 전력구조와 관련되어 있는 군사전략은 방위

37　국방부, 『21세기를 대비한 국방개혁(1998~2002)』 (서울: 국방부, 1998), 32~34쪽.
38　같은 책, 41~44쪽.

표 3-1

노태우·김영삼·김대중 정부의 국방정책과 군사전략 개념 비교

	노태우 정부	김영삼 정부	김대중 정부
국방목표 범주	안보대상의 협의적 범주	안보대상의 광의적 범주	안보대상의 광의적 범주
정책방향 (기조)	남북 긴장완화 모색을 위한 대북 군사대응 태세 강화 안보협력체제 발전 자주국방태세 정비 총력방위태세	확고한 국방태세 구축 대내외 군사관계 발전 중장기 국방정책 발전 신뢰받는 국군상 확립	확고한 국방태세 확립 선진 정예국방 달성 대북 군사정책 발전 및 한반도 긴장완화 추진 한미/주변국 안보협력 강화 국민의 군대 육성
군사전략 개념	한미연합 전략 응징전략	한미연합 전략 응징전략	한미연합 전략 방위전략

주: 북한의 군사능력 및 의도에 대한 노태우·김영삼·김대중 정부의 인식은 정도의 차이는 있을지라도 기본적으로 북한의 대남 도발위협이 상존한다는 인식을 전제로 한다.
자료: 이수형, 「노태우·김영삼·김대중 정부의 국방정책과 군사전략개념: 새로운 군사전략개념의 모색」, 《한국과 국제정치》, 제18권 제1호(2002), 186쪽.

충분성의 정예 군사력을 기반으로 한 방위전략을 강조하였다. 참고로, 노태우 정부에서 김대중 정부에 이르기까지 한국의 국방정책과 군사전략 개념을 비교하면 표 3-1과 같다.

2001년 9·11 사건을 계기로 미국의 안보정책과 안보전략의 근본적 변화로 미시적·거시적 한미동맹 재조정이 진행되는 상황에서 자주국방의 굳건한 토대를 마련하겠다는 노무현 정부는 협력적 자주국방을 구현하기 위한 맥락에서 미래 안보환경과 전쟁양상의 변화에 능동적으로 대응할 필요성, 그리고 우리 국방의 여건과 현 좌표 진단이라는 큰 틀에서 국방개혁의 필요성과 당위성을 찾았다.

이런 맥락에서 노무현 정부에서 추진된 국방개혁 2020의 주요 내용을 살펴보면 다음과 같다. 먼저, 상부구조와 하부구조 모두에 걸

---

39   국방부, 『국방백서 1988』, 45쪽.

처서 지휘구조 개편을 추진하였다. 상부구조와 관련하여 3군 균형편성을 통한 합동성 강화를 위하여 합동참모의장과 합동참모차장은 각각 군을 달리하여 보직하되, 그중 1인은 육군으로 보직하도록 하였다. 둘째, 합동참모본부 직위는 각 군의 균형발전과 임무 및 기능을 고려하여 육·해·공 군별로 구분하여 보직되어야 하는 필수직위와 구분 없이 보직될 수 있는 공통직위로 지정하되, 공통직위는 2008년까지 연차적으로 육해공군을 2:1:1로 보직하도록 하였다. 한편, 국방부 직할부대 및 기관, 합동부대 지휘관의 편성비율은 2008년까지 연차적으로 육해공군 비율을 3:1:1로 보직하며 각 군 간 순환보직을 원칙으로 하되 특정부대·기관의 장의 직위에 동일한 군 소속의 장교가 3회 이상 계속하여 보직하지 못하도록 하였다.[40]

국방개혁 2020은 정보·지식 중심의 첨단 정보과학군이 되어 선진한국의 위상에 걸맞은 국방력을 갖추어야 한다는 취지에서, 첨단 감시장비와 기동 및 타격수단을 확보하여 독자적 전쟁억제력을 완비하고 3군이 균형된 군 구조 및 전력체계를 갖추고자 하였다. 이에 따라 육군의 부대구조는 중간계층이 단축되고 부대 수가 축소되는 반면에 단위부대 편성의 완전성을 보장함으로써 전투력이 대폭 증강될 것이다. 즉 현재의 3개 군사령부, 10개 군단, 47개 사단, 3개 기능사령부 체제에서 2개의 작전사령부, 6개의 군단, 20여 개의 사단, 4개의 기능사령부 체제로 개편될 것이다.[41] 또한 병력구조는 첨단전력 확보와 연계하여 상비군이 단계적으로 감축하는 것이 주요 내용으로 2005

---

40 국정홍보처, 『참여정부 국정운영백서⑤: 통일·외교·안보』(서울: 국정홍보처, 2008), 197~198쪽.

41 같은 책, 199쪽.

년 말 현재 60만여 명 병력을 첨단 무기체계 확보와 연계하여 2020년까지 50만 명 수준으로 정예화하고 해공군은 현재의 규모를 유지하고 해병대를 포함한 지상군은 10만여 명을 감축할 예정이다.[42] 이러한 개혁을 통해 병력집약적 군 구조를 기술집약적 군구조로 개편해나가는 것이다.

노무현 정부에서 추진되었던 한미동맹 재조정 정책은 한미 양국 모두에게 부분적 성과와 미완의 과제를 남겨둔 미시적 합의이행과 거시적 타협을 가져왔다.[43] 노무현 정부로부터 미완의 동맹재조정의 유산을 물려받은 이명박 정부는 한미동맹의 전략동맹화, 전시작전통제권 전환 연기, 북한의 천안함 폭침과 연평도 폭격이라는 상황에서 국방개혁 '12~'30(안)이라는 소위 국방개혁 307을 추진하였다. 국방개혁 307에 대한 3군의 입장은 개혁안의 시행이 각 군에 미칠 영향에 따라 현격한 차이를 보였다. 국방개혁 307은 각 군 참모총장을 합참의장의 작전지휘계선에 포함시키고 합참의장의 권한을 일부 강화하는 등 지휘구조를 개편하는 것이 개혁의 핵심이라 할 수 있다.[44]

상부지휘구조 개편이 핵심이었던 국방개혁 307은 합참의장에게 각 군 본부 및 작전부대에 대한 작전지휘감독 권한을 부여하고 합참의장에게 작전지휘감독에 필요한 최소한의 군정 관련 기능을 부여함으로써 효과적인 합동작전 수행여건을 보장하는 한편, 각 군 참모총장의 소속 작전부대에 대한 작전지휘 및 감독권한을 명시하며, 각 군

---

42 같은 책, 201쪽.

43 이수형, 「중견국가와 한국의 외교안보정책: 노무현 정부의 동맹재조정 정책을 중심으로」, ≪국방연구≫, 제52권 제1호 (2009), 3~27쪽.

44 이양구, 「국방개혁 정책결정과정 연구: 노무현 정부와 이명박 정부의 비교를 중심으로」, 경남대학교 대학원 박사학위논문 (2013.12), 135쪽.

참모총장의 작전지휘 보좌를 위하여 각 군 본부에 2명 이내의 참모차장을 운영할 수 있도록 하려는 것이었다. 또한 합참의장의 실질적인 작전지휘권 보장을 위하여 작전지휘와 관련한 명령을 위반하거나 그 직무를 게을리 한 경우에 한하여 합동참모의장에게 징계권을 부여하는 것이었다.[45] 이러한 상부지휘구조 개편과 관련하여 노태우 정부의 818 계획이 통합절충형 국방개혁이고, 노무현 정부의 국방개혁 2020이 합동절충형 국방개혁이라면 이명박 정부의 국방개혁 307은 통합형 국방개혁이라 할 수 있다.[46]

한편, 국방개혁 307에서 합동성 강화라는 문제와 관련하여 3군 간에는 자기 조직의 성향대로 합동성 강화를 해석함으로써 계획수립 단계부터 갈등 양상을 보여주었다. 국방부장관이 생각하는 합동성의 개념은 육·해·공군의 전력을 효과적으로 통합·발전시키는 것이므로 합참 중심의 합동성 강화를 위해 합참의장을 중심으로 한 상부지휘구조로 개편하는 것이었다. 그러나 해·공군이 생각하는 합동성 강화를 위한 조치는 3군 균형발전이라는 개념하에 합참의 균형 편성과 합참의장을 비롯한 군 수뇌부의 순환보직을 의미하는 것이었다. 이러한 조직의 성향은 고위 정책간담회와 군무회의 등에서 그대로 표출되었지만, 대통령으로부터 국방개혁의 전권을 위임받아 상대적인 권력의 우위를 확보하고 있는 국방부장관이 선호하는 방향으로 수립되었다.[47]

---

45 이양구, 「국방개혁 정책결정과정 연구: 노무현 정부와 이명박 정부의 비교를 중심으로」, 173쪽.

46 권영근, 『한국군 국방개혁의 변화와 지속』(서울: 연경문화사, 2013).

47 이양구, 「국방개혁 정책결정과정 연구: 노무현 정부와 이명박 정부의 비교를 중심으로」, 173~174쪽.

3.2 │ 육군의 군사혁신의 주요 내용

앞서 보았듯이, 한국군의 군사혁신은 기본적으로 국방개혁이라는 큰 틀의 전력구조 부분에서 이루어지는 것으로 이해할 수 있다. 따라서 한국의 군사혁신은 역대 정부의 국방정책의 목표와 그에 부합하는 국방개혁의 비전과 추진전략에 따라 많은 영향을 받게 된다는 것을 알 수 있다. 특히, 국방개혁의 비전과 추진전략에서 역대 정부가 한결같이 강조하고 있는 핵심 변수가 북한에 대한 위협인식과 한미동맹 발전 방향이라는 점이다. 그렇기 때문에 한국의 군사혁신은 한국의 독자적인 군사전략 개념과 3군 합동교리 등 대외 안보환경의 변화와 대내 사회경제적 변화 등을 반영하여 새로운 전쟁수행방식에서 요구되는 소프트웨어 측면보다는 과학기술의 발전에 따른 기술적 요소들을 강조하는 하드웨어 중심의 군사기술혁신을 중시하는 경향을 보이고 있다.

이런 맥락에서 노태우 정부 때부터 추진되어온 한국 육군의 군사혁신의 주요 내용을 살펴보면 다음과 같다. 한미연합 전략과 대북 억제의 응징 전략이라는 군사전략 개념을 바탕으로 입체기동전에 입각한 노태우 정부에서의 육군 군사혁신은 무기체계발전의 고도정밀화에 부응하고 전력증강 사업체계의 효율성과 책임성을 강화하기 위하여 율곡업무 체계를 재정립하는 맥락에서 추진되었다. 특히 지상전력은 전략환경의 변화와 장차전(將次戰) 양상 및 대응전략 개념을 고려하여 한국형 전차 및 장갑차를 양산하여 배치하는 한편, 입체고속기동전 수행을 위해 지금까지 분산 운용되어왔던 기존의 헬기운용 개념을 항공사령부를 창설하여 통합하고 공격헬기 및 다목적 헬기를 대량 확보하여 배치함으로써 지상전력의 열세를 헬기 전력으로 대폭 보완하였다.[48] 이는 당시 한국의 전력이 북한 대비 70% 수준이라는 점을 고려한 것이기도 하다.[49] 이와 함께 수도권 초전필승태세 완비 및 즉응 반격 전략 개념을 구현하기 위해 보병사단을 기계화보병사단으로 개편하는 한편, 수도권 북방 문산/전곡 축선의 종심을 증가시키기 위해 두 개의 동원사단을 창설하여 배치하였으며, 또한 동해안축선의 통합된 종심작전체제 유지를 위해 1개 여단을 창설 배치하였다. 그리고 기동전 수행능력과 생존성 향상을 위해 자주포를 양산해 배치함으로써 포병의 전력을 크게 향상시켰다.[50]

김영삼 정부에 들어와서도 육군의 군사혁신은 입체기동전을 수행할 수 있는 방향에서 추진되었다. 이에 따라 기동, 기갑, 포병, 공중기동, 기동지원, 군수지원 등 각 전력부문에서 개선이 이루어졌다. 기동전력은 적정규모의 군단 및 보병사단을 기계화부대로 개편하여 공세기동전력을 확보하며 보병사단의 구조개편과 단위전력 증강을 통해 초전전투력 발휘를 보장하는 데 중점을 두고 있다.[51] 기갑전력은 입체고속기동전의 주축전력으로서 1985년 이래 화력·기동력·방호력이 우수한 한국형 전차와 장갑차를 생산 배치해오고 있으며 무기체계의 꾸준한 질적 향상을 통해 단위전력을 보강함으로써 효율적인 기동전 수행여건을 구비해나갔다. 포병전력에서는 미래의 입체고속기동전 및 화력전에 대비하여 전력구조를 체계적으로 정비하였고, 공중기동전력은 미래의 전장을 주도할 다목적 핵심전력인 만큼 신예 헬기 및 첨단 항공탑재장비를 도입, 보강함으로써 생존성과 작전수행능력

48   국방군사연구소, 『국방정책변천사, 1945~1994』, 309쪽.
49   공보처, 『제6공화국실록: 노태우대통령 정부 5년(외교·통일·국방)』, 576쪽.
50   국방군사연구소, 『국방정책변천사, 1945~1994』, 309쪽.
51   공보처, 『변화와 개혁: 김영삼정부 국정 5년 자료집(정치·외교·통일·국방)』, 592~593쪽.

을 증대시키고 있으며 항공관제 능력도 점차 향상시키고 있다. 이를 통해 향후 전력구조를 인력 위주에서 무기중심의 기술집약형 구조로 점차 개선해나갈 계획이다.[52] 한편, 김영삼 정부에서는 선진 정보화군을 건설한다는 정책기조 아래 국방정보화를 적극 추진해왔다. 이를 위해 1995년 4월 국방부에 정보체계국을 신설하여 그동안 산발적으로 추진해온 정보화사업을 총괄 관장케 함으로써 종합적인 국방정보화 청사진을 제시하였다. 국방정보화 추진과 관련하여 육군은 군단급 이하 전장기능별 지휘통제체계 구축사업을 추진하였다.[53]

김영삼 정부에서 추진된 국방정보화는 김대중 정부에 들어와서는 선진 정보화군을 건설한다는 당위성에 지속 추진되었다. 특히 미래의 빠른 전쟁 속도에 대비하여 국방통합 C4I 체계는 한반도 전체를 디지털 지도화하고, 적과 아군 상황을 한눈에 파악토록 하며, 실시간 보고, 판단 및 조치가 가능토록 제반 관련 기능을 통합하여 추진코자 하였다. 또한 전략·전술 C4I 체계에 공통운영 환경을 구축하여 상호 연동 운용이 가능토록 하고자 했다. 이를 위해 합동 C4I 체계는 지휘소 자동화 사업의 전력화 이후에 단계적으로 확장 추진하며, 육군 전술 C4I 사업은 지휘소 자동화체계를 시험 운용한 후에 전술제대에 맞는 시범체계를 우선 개발하고 핵심기능 위주로 단계적으로 추진코자 하였다.[54] 또한 김대중 정부의 육군 군사혁신은 방위 충분성의 전력이라는 기조하에 대북 억제전력을 완비함과 아울러 미래 전장에서 실시간 감시 및 조기경보 능력은 물론 거부적 억제력을 발휘할 수 있는

---

52 같은 책, 593쪽.
53 같은 책, 576쪽.
54 국방부, 『21세기를 대비한 국방개혁(1998~2002)』, 71~72쪽.

표 3-2
군단 및 사단의 능력변환

구분	군단		사단	
	현재	개선	현재	개선
감시/정찰	UAV	차기군단 UAV	TOD	UAV
타격	자주포	차기다련장	견인포	K-9 자주포, 차기다련장
기동	전차(M48, K-1) 장갑차(K-200) 헬기(500MD, AH-1)	차기전차 차기보병전투장갑차 한국형 공격헬기	전차(M48) 도보위주	K-1 개량전차 차륜형 장갑차

자료: 국정홍보처, 『참여정부 국정운영백서⑤: 통일·외교·안보』, 203쪽.

능력을 구축하기 위해 정보전력체계, 기동전체계, 유도탄방어체계, 그리고 포병체계 등 핵심전력체계를 확보하고자 하였다.

한미동맹 재조정과 전시작전통제권 환수를 추진한 노무현 정부에서는 미래지향적 첨단전력 강화를 통해 선진국방체계를 구축한다는 목표하에 육군의 군사혁신을 추진하였다. 육군은 대규모 병력과 다양한 부대구조로 인해 운용 유지에 많은 노력과 비용이 소요될 뿐만 아니라 현대 전장에서 전투력 발휘가 제한될 것으로 판단된다. 또한 정보기술과 지휘통제체계 등이 비약적으로 발전함에 따라 현재의 다단계 지휘구조를 보다 단순하면서도 효율적인 구조로 개편할 필요성이 있다[55]는 판단에 따라 부대 수 감소에 따른 제대별 작전지역의 확장에 대비하고 공세기동전을 수행할 수 있도록 기동력·타격력·생존성·정밀도를 향상시키기 위해 중고도 UAV, 차기전차, 차기보병전투장갑차, 한국형 기동 및 공격헬기를 확보할 계획이다. 군단급 및 사단급의 전력전환 계획 및 능력의 변화는 표 3-2와 같다.

---

55   국정홍보처, 『참여정부 국정운영백서⑤: 통일·외교·안보』, 199쪽.

한편, 육군의 군사혁신에서 노태우 정부 이후 현재까지 지속적으로 추진되고 있는 중요한 사업 중 하나가 바로 육군 과학화전투훈련단(KCTC: Korea Combat Training Center, 이하 KCTC)이다. KCTC는 1980년대 초반부터 오늘에 이르기까지 정보통신기술의 변화에 적극 부응하면서 단순히 군사기술적 차원이 아니라 군사력의 운영 및 조직 구성, 그리고 미래 전쟁수행방식을 고려한 것으로 여단급(연대전투단) 전투훈련 준비 및 통제를 위해 전투훈련 개념 발전, 개발시험·운용평가, 그리고 군구조 관련 전투실험 지원과 전투발전 소요 도출을 주된 임무로 하고 있다. KCTC의 주요 기능으로는 ① 전투훈련계획 준비, 통제, 분석, 사후검토를 실시, ② 전투훈련 교훈 도출, ③ 전투발전 소요 도출, ④ 전투실험 지원에 의한 전투정비업무 지원, ⑤ 과학화 전투훈련 체계 발전 및 여단급 훈련장 구축 등이다. KCTC의 발전과정을 간략히 살펴보면, 1981년부터 1996년 기간의 훈련장 구축 계획수립 시기, 1997년부터 2000년까지의 KCTC 사업단 창설기, 2000년부터 2004년까지의 중앙통제장비 개발 및 중대전투훈련통제단 창설기, 2005년부터 2006년의 대대급 과학화 전투훈련 구축 및 시행, 2007년부터 2010년의 대대급 과학화전투훈련 시행, 2013년부터 현재까지의 시험·운용평가 기간으로 구분해볼 수 있다.

4 | 한국 육군의 군사혁신의 발전방향

4.1 | 독자적인 군사전략 개념 마련

미래를 대비한 국군과 육군의 군사혁신을 추진하기 위해서는 무엇보다도 전력구조의 건설을 결정하는 준거 틀을 마련하는 것이 선행되어야 하며 이는 곧 우리의 독자적인 군사전략 개념을 발전시키는데서 출발해야 한다. 왜냐하면 군사전략이란 부단히 변화하는 안보환경의 성격과 특징 등을 반영하여 군사력 사용방법을 규정하는 독트린적 원칙과 목적과 관련된 군사력의 임무, 역할과 관련된 군사력의 운용, 그리고 장소와 관련된 군사력의 배치 등을 결정하기 때문이다.[56] 이러한 군사전략 개념은 기본적으로 현존하는 위협이나 적성국의 군사능력 및 군사적 의도에 대한 평가, 중장기적 안목에서 바라본 안보상황에 대한 평가, 주변국 및 국제안보환경의 변화에 대한 평가, 그리고 현재의 전략개념에 대한 평가 등을 거쳐 유지·보안수정 및 변화되는 것이다.

우리의 군사전략은 전략 환경의 변화에 큰 영향을 받지 않으면서 예나 지금이나 한미연합 방위에 기초한 대북 억지전략으로 일관되어 변화하는 대내외적 안보환경에 적절히 탄력적으로 대응할 수 있는 유연성이 떨어지는 면이 있다. 물론, 전시작전통제권이 없는 우리의 국방 현실에서 우리의 독자적인 군사전략 개념을 형성·발전시킨다는 것은 어떤 측면에서는 불가능하고 무의미하다고 생각할 수 있다. 그 결과 "우리의 독창적 군사전략 개념 부재와 주한미군의 전략개념을 모방·각색한 한미연합 억제전략이란 대명제하에 작전통제권이 아직도 미군 측에 귀속되어 있는 상황에서 자주적이고 독창적인 전략개념이 구상·형성될 수 있겠느냐 하는 반론이 제기되는 것도 무리는 아니

---

56 Daniel J. Kaufman, Jeffrey S. McKitrick, Thomas J Leney (eds.), *U.S. National Security: A Framework for Analysis* (Lexington, MA: Heath and Company, 1985), p. 22 참조.

다".[57] 그럼에도 규범적·가치적 차원에서 우리가 자주국방을 이루기 위한 노력을 지속적으로 추진해왔듯이 현재보다는 장래를 내다보면서 우리의 자주적인 군사전략 개념을 형성·발전시키기 위한 노력을 경주해야 할 것이다. 또한 경험적·현실적 차원에서 우리의 자주적인 군사전략 개념이 형성·발전된다면 현재의 한미연합 전략을 우리의 군사전략에 더 조화될 수 있는 방향으로 바꿀 수도 있고 향후 전시작전통제권 환수에 대비해서라도 필요한 것이다.

노태우 정부 이래 이명박 정부에 이르기까지 한국의 국방개혁은 전략 환경의 변화에 적극 부응할 수 있는 군사전략 개념의 변화 없이 추진되어왔고, 국방개혁의 기조하에서 추진된 군사혁신과 관련하여 지속적으로 강조되어왔던 부분은 지상군 중심의 전력구조를 해공군력이 강화된 형태로 발전시켜 나간다는 점과 병력집약적 군구조를 기술집약적 군구조로 변화시키겠다는 점이다. 특히, 육군은 군사력 운용의 측면에서 공지전투 개념에 입각한 입체고속기동전을 강조하면서 기동력, 타격력, 방호력, 그리고 정밀도 향상을 통한 기술집약형 전력구조를 추진해왔다. 하지만 군사력 건설의 준거 틀인 군사전략 개념의 발전 없이는, 한국의 국군과 육군의 군사혁신은 제한적이고 기술의 발전 측면만 강조될 가능성이 높다.

바로 이 부분에서 군사전략 개념과 군사혁신의 연계성이 강조되는 것이다. 앞에서 살펴보았듯이, 군사혁신과 관련해서 중요한 것은 기술의 발전을 토대로 한 전쟁수행방식의 변화와 군사력 운용의 혁신을 이끌어낼 수 있는 발상의 전환을 도모하는 것이다. 이를 위해서는

---

57   이선호, 「한국의 국방백서, 무엇이 문제인가?: 국방백서의 실상을 진단한다」,
      ≪군사저널≫ (1993.5), 81쪽.

북한의 군사위협의 성격 변화를 해석하고 중장기적으로 미래 불특정 안보위협에 대비할 수 있는 우리의 독자적인 군사전략 개념을 마련하여, 이에 근거하여 국군과 육군의 군사혁신을 추진해나가는 작업이 필수적인 것이다.

군사전략 개념의 맥락에서 육군의 군사혁신의 역사적 궤적을 짚어보면 북한의 군사위협에 대한 재래식 전면전의 가정하에 병력집약적 군구조를 유지하면서 부분적인 기술집약형 전력구조로 발전한 양상을 보여주고 있다. 이러한 육군의 군사혁신의 추세는 북한이라는 특정 위협의 존재 때문에 병력집약을 우선시하면서 부분적으로 기술집약의 군구조를 취할 수밖에 없는 현실적 측면이 존재하지만, 우리의 독자적인 군사전략 개념의 부재와 한미동맹에 따른 한미연합 억제전략이 지속적으로 유지되어온 것과도 무관하지 않다. 만약 이러한 현실이 지속된다면, 미래를 대비한 육군의 군사혁신은 제한적이면서도 기술적 측면을 강조하는 방향으로 나아갈 수밖에 없는 딜레마에 직면할 가능성이 높다.

중장기적으로 다가올 이러한 딜레마를 극복하고 전략환경 변화에 부합하는 미래 지향적 자주국방역량을 증대시켜나가기 위해서는 무엇보다도 육군이 주도가 되어 우리의 종합적인 군사전략 개념을 형성·발전시켜나가는 가운데 병력집약의 군 구조에서 과감히 탈피하여 차별화된 임무 위주의 부대구조 개편을 추진해야 할 것이다. 사실, 육군 군사혁신의 핵심은 병력 규모에 따른 '가시성의 안정감'에서 벗어나 차별화된 임무 위주의 부대를 어떻게 건설할 것이냐의 군사력 운용의 혁신에 방점이 있는 것이다. 이는 저출산 추세에 따른 가용 병역자원의 감소와 고령화와 기대수명의 연장에 따른 복지에 대한 사회적 요구 증대라는 한국 사회의 변화와 재래식 전면전보다는 비대칭 전략

과 전력 위주로의 북한 군사전략과 능력의 변화 추세와도 부합하는
것이다.

4.2 전력의 차별화 도모

우리의 독자적인 군사전략 개념의 형성·발전의 필요성과 더불어
미래를 대비한 육군의 군사혁신 방향은 육군전력의 차별화를 도모하
는 것이며 이는 우선적으로 부대구조의 혁신과 관련이 있다. 한국전
쟁 이후 육군의 부대구조는 사단을 중심으로 일률적으로 편성되어 휴
전선 방어에 중점을 둔 선형적 군사력 배치를 보여왔다. 이러한 측면
은 북한이라는 특정 위협의 존재와 정규전을 가정한 전방위적 전력강
화를 고려했기 때문이다.

그러나 냉전종식 이후 북한은 남한과의 지속적인 군비경쟁을 감
당하기 어렵다는 현실적 판단하에 저비용 고위협의 비대칭 전략에 입
각한 비대칭 전력을 강화하는 방향으로 나아가고 있다. 핵의 고도화
추구와 대량살상무기의 개발 및 휴전선 인근에 전방 전개된 장사정
포와 다련장 로켓포 배치가 이러한 측면을 단적으로 보여주는 것이
다. 따라서 남한에 대한 북한의 군사적 의도와 전력은 과거처럼 수적
우위를 바탕으로 한 전면전의 성격보다는 소위 제4세대 전쟁 패러다
임에 입각한 전쟁수행방식을 선호할 개연성이 높아 남한의 군사시설
물이나 군지휘부보다는 한국 사회 전체가 북한의 표적이 될 가능성이
클 것이다. 그러므로 전방과 후방이라는 용어는 목표물과 비목표물로
대체될 가능성이 높아 현재 휴전선을 중심으로 넓게 펼쳐져 있는 육
군의 군사전력의 효용성은 상대적으로 떨어질 것이다.

이러한 변화 현실을 직시하여 미래를 대비한 육군의 군사혁신은

표 3-3
근대 전쟁 패러다임과 제4세대 전쟁 개념의 비교분석

	근대 전쟁 패러다임			제4세대 전쟁
	제1세대 전쟁	제2세대 전쟁	제3세대 전쟁	
전쟁주체의 상대적 중요성	민족국가	민족국가	민족국가	비국가 행위자, 정부 - 군대 - 국민의 탈연계
전장범위와 상대적 중요성	소규모·전방	대규모·전방	대규모 전후방	소규모·후방 (도시 및 주변지역)
전쟁양상	밀집대형의 소모전	산업적 소모전	산업적 기동전	소규모 특수임무수행전, 정보전, 도시전, 정치 - 군사전
전쟁목표물	적의 군사력	적의군사력 (산업기반)	적의 군사력과 후방 지원세력	적의 비군사목표물 (민간 핵심시설)
전쟁/평화, 민군의 구별 여부	전쟁/평화 및 민/군의 경계가 명확히 구별 가능	구별 가능함	전쟁/평화의 경계가 구별 가능하나 민/군 경계는 중첩	모호하거나 무의미

자료: William S. Lind (et als), "The Changing Face of War: Into the Fourth Generation," *Military Review*, LXIX-10(October 1989), pp. 2~11 내용 참조 작성.

기존 육군전력을 임무별·기능별로 차별화하는 방향으로 나가는 것이 적절하다고 판단된다. 왜냐하면 북한의 대남 비대칭전략이라는 측면도 있지만 보다 중요한 점은 군사혁신의 핵심 동인인 군사기술의 지속적 발전이 병력과 전력(force power)에 미치는 영향 때문이다. 특히 정보혁명을 기반으로 한 첨단군사기술의 눈부신 발전으로, 향후에는 병력과 전력의 세분화와 차별화 현상이 두드러질 것이다. 첨단무기로 무장하고 지휘본부로부터 상당한 정보를 제공받는 병사들로 구성된 고도의 소규모 기동세력들의 작전 반경은 광범위해질 것이기 때문에, 전후방의 개념은 적실성을 상실할 것이고 병력과 전력의 규모는 전쟁의 승패를 결정짓는 압도적인 요소가 더는 될 수 없다는 점이다.

이런 측면에서 육군 전력의 차별화는 크게 재래식 전력, 첨단정보 전력, 그리고 특수임무 위주의 비대칭 전력이라는 세 가지 범주로 구분할 수 있다. 현재 육군의 병력은 어림잡아 50만을 상회하고 있다. 이런 상황에서 향후 육군이 군사혁신을 추진하기 위한 전제조건은 일정 규모 이상의 병력감축이 선행되어야 한다는 점이다. 또한 국방재원의 안정적 확보라는 현실적 여건을 고려했을 경우, 감축된 육군의 모든 병력과 전력을 기술집약형 전력으로 변화시켜나가는 것은 현실적으로 불가능할 것이다. 따라서 향후 육군의 군사혁신은 병력감축을 전제로 일정 비율의 병력과 전력은 기존의 재래식 전력으로 유지하는 가운데 나머지 잔여 병력과 전력은 군사혁신에 발맞춰 첨단정보 전력과 비대칭 전력으로 발전시켜나가는 것이 필요하다고 판단된다.

이러한 육군 전력의 군사혁신은 선택과 집중을 통해 재래식·첨단정보·비대칭 전력 간의 비율을 설정하여 북한이라는 특정 위협에 대한 대응력을 강화시켜나가는 동시에 빠르게 변화하는 전략환경의 변화에 능동적으로 적응, 지역적·국제적 차원의 불특정 안보위협에도 대처해나가야 할 것이다. 미래 전쟁수행방식을 예측해보았을 경우, 이것이 곧 제4대전쟁으로 귀결될지는 모르겠지만 분명한 변화의 추세는 제4세대 전쟁 패러다임에서 강조하고 있는 많은 부분들을 반영하는 방향으로 나아갈 것이라는 점이다.

한반도에서의 전쟁수행방식도 예외는 아닐 것이다. 비록 한반도 분단의 특수성으로 인해 근대 전쟁 패러다임의 제3세대 전쟁 방식이 상존하는 것도 사실이지만, 중장기적으로는 지구화와 정보혁명의 지속적 영향으로 제4세대 전쟁 수행방식으로 변화해나갈 개연성이 클 것이다. 따라서 북한과 관련된 육군의 군사혁신은 북한 전력 대비 전력의 절대적 우위라는 전방위적인 전력강화보다는 북한의 비대칭 전략과 전력을 억제할 수 있는 방향으로 추진되어야 한다.

5 | 결론

냉전종식 이후 한국의 군사혁신은 기본적으로 국방개혁이라는 틀 내에서 이루어져 왔다. 따라서 한국의 군사혁신은 역대 정부의 국방정책의 목표와 그에 부합하는 국방개혁의 비전과 추진전략에 따라 많은 영향을 받아왔고 군사력 건설의 준거 틀이라 할 수 있는 종합적인 군사전략 개념의 부재하에서 추진되어왔다. 비록 한미연합 억제전략을 기반으로 한 대북 억제전략이 일관되게 유지되어왔지만, 한반도를 중심으로 펼쳐지는 전략환경의 변화를 능동적으로 담아내기에는 일정정도 한계를 가질 수밖에 없었다. 이제라도 우리는 독자적인 군사전략 개념을 마련하여 이에 근거한 군사혁신을 추진해야 할 것이라고 판단된다. 특히 미래를 대비한 육군의 군사혁신의 방향을 고려했을 경우, 우리의 독자적인 군사전략 개념의 형성·발전 없이 군사혁신을 제대로 추진하기에는 많은 제약을 받을 것이라 판단된다.

군사전략 개념에 바탕을 두고 미래를 대비한 육군의 군사혁신은 육군전력의 차별화를 도모해나가는 것이다. 육군전력의 차별화는 군사혁신에 따른 작지만 강한 군대를 지향하는 스마트 전력을 구축할 수 있는 발판이 될 뿐만 아니라 한국 사회의 변화 및 북한과 주변국 전략 환경의 변화에 적응하고 적극 대처해나갈 수 있는 방향이라 생각된다.

제4장

한국 육군의 비대칭 전력 가능성:
북한에 대한 전략적 비대칭성 구현의 방향

고봉준

1 │ 들어가는 말

우리 국방부는 '전략 환경 변화에 부합하는 미래지향적 방위역량 강화'를 목표로 하여 '한반도 전략 환경에 부합하는 맞춤형 억제전략 개발 및 연습 강화'를 주요 과제 중 하나로 추진하고 있다.[1] 이러한 정책 기조를 기반으로 하여 우리 군은 북한의 도발을 억지하고 억지 실패 시 신속하고 구체적으로 대응할 수 있는 계획을 마련하는 중이다.

특히 우리 군은 북한의 도발이 지속되고 다양한 방식으로 진행될

---

1   국방부 홈페이지 국정과제 소개 부분, http://www.mnd.go.kr/mbshome/mbs /mnd/subview.jsp?id=mnd_011601030000&titleId=mnd_011601000000.

것으로 예상되는 가운데, 북한의 비대칭 전략 개발과 추진에 대한 수동적 대응을 지양하고 보다 창조적으로 북한군보다 우위를 가질 수 있는 전략 개념을 발전시킬 것임을 천명한 바 있다.[2] '역비대칭 전략'으로 명명된 창조형 군사력 건설의 방향은 우리가 명백한 우위를 점하는 첨단 정보통신기술을 융합함으로써 북한의 대응을 어렵게 하고 결과적으로 북한의 핵과 대량살상무기를 무력화하겠다는 것이다.[3]

이 글은 점증하는 북한의 군사적 위협에 대응하기 위해 우리 육군이 전략적 비대칭성을 구축할 수 있는 군사혁신의 방향에 대해 비판적 검토를 하는 것을 목적으로 한다. 육군의 전략적 비대칭성에 주목하는 이유는 최근 핵무기 능력의 고도화를 제외한다면 북한이 해공군력 강화보다는 지상군의 활용에 주안점을 두고 있기 때문에, 육군 차원의 비대칭 전력화에 대한 고민이 필요하다는 문제 제기가 있기 때문이다. 또한 병력 가용 자원의 지속적 감소로 우리 육군 전력의 현상유지 및 효율화를 위해서도 육군 차원의 비대칭성 강화에 대한 검토는 필요할 수밖에 없다.

이런 목적을 위해 2절에서는 억지 이론의 함의를 개괄적으로 논의하고, 전략적 비대칭성에 대한 이론을 검토한다. 3절에서는 세계 군사혁신의 방향성에 대해 논의한 후, 최근 국방개혁의 흐름 속에서 진행된 육군의 군사혁신의 방향과 미래전의 관점에서 육군이 관심을 가지고 있는 군사혁신과 비대칭적 전력에 대해 개괄적으로 검토를

---

2 2015년 국방안보포럼 주최 세미나 주제 발표 내용. 관련 기사는 연합뉴스 홈페이지, http://www.yonhapnews.co.kr/bulletin/2015/08/27/0200000000AKR20150827078600043.HTML.

3 국방장관 2015년 국방 업무보고에 대한 기사, http://www.yonhapnews.co.kr/politics/2015/01/19/0505000000AKR20150119010700043.HTML.

진행한다. 4절에서는 앞서의 논의를 토대로 육군의 비대칭적 전략 및 전력의 구축 노력에서 견지해야 할 원칙을 억지력의 강화, 실질적 전투력 강화, 3군 합동성 강화, 현존 위협 및 미래전 대비 능력의 강화의 측면에서 논의한다. 결론에서는 한미동맹과 한반도 전장의 특수성, 그리고 다양한 전쟁 시나리오를 바탕으로 추진되어야 할 육군의 비대칭 전략의 체계적 구현은 발생할 수 있는 다양한 군사적 가치의 상충을 극복해야 성공적인 군사혁신으로 귀결될 수 있을 것이라고 주장한다.

2 ┃ 군사전략, 억지, 전략적 비대칭성

2.1 ┃ 군사전략과 군사력

일반적으로 국가의 안보전략은 전쟁을 포함한 외부의 위협에 대한 대비를 일컫는다. 이러한 준비에는 전쟁과 관련된 재정, 경제, 군사, 산업정책 전반이 포함된다. 이러한 고려를 토대로 하여 국가의 안보전략은 어떻게 사회로부터 인력과 자원을 추출하여 군사력을 구성할 것인지, 그리고 창출한 자원을 어떻게 동원할 것인지를 결정하게 된다. 따라서 안보전략은 전장에서의 부대의 임무와 역할, 군 조직, 무기체계를 다루는 군사전략보다 광범위하다고 할 수 있다.[4]

---

4   Steven E. Lobell, "War is Politics: Offensive Realism, Domestic Politics, and Security Strategies," *Security Studies*, Vol. 12, No. 2 (Winter 2002/3), pp. 167~168.

이에 반하여 군사전략은 공격, 방어, 억지를 포함하는 다양한 군사 작전의 실질적 수행을 준비한다.[5] 물론 현대에 와서는 군사전략이 전장에서의 승리를 위한 것에 한정되지 않고, 평시 국가 목표를 달성하는 데에도 핵심적인 요소가 되고 있다는 주장[6]도 있지만, 아직까지는 전쟁 수행 준비로 상징되는 군사전략의 중요성이 부정되지는 않는다.[7] 왜냐하면 상대방의 의도를 파악하기 어려운 국제정치 현실을 고려할 때, 보다 추상적이고 공개적인 국가전략과 정책은 종종 수사로 포장되어 있어서 실질적인 의미를 파악하기 힘든 경우가 많기 때문이다. 하지만 군사력의 운용과 직접적인 관련이 있는 군사전략은 비록 많은 정보가 제한적이지만 입수가 가능한 정보의 경우에는 구체성과 합목적성의 측면에서 해당 국가의 의도를 좀 더 분명하게 드러낸다고 할 수 있다.

안보전략과 군사전략 및 전술의 정의는 필자에 따라 달라질 수 있지만, 전술은 전투의 방식에 관한 것이고, 군사전략은 전쟁의 방식, 그리고 안보전략은 전쟁의 성격 또는 필요성에 대한 질문과 관련 있다고 할 수 있다.[8] 일반적으로 이들 세 수준의 기획 사이에는 유기적인 연계가 존재해야 합목적적 결과를 생산할 수 있다. 현재 육군이 고민하는 북한에 대한 비대칭 전력의 구현은 바로 이런 맥락에서 논의

---

5   Barry Posen, *The Sources of Military Doctrine: France, Britain, and Germany Between the World Wars* (Ithaca, NY: Cornell University Press, 1984), p. 33.

6   한용섭·박영준·박창희·이흥섭, 『미·일·중·러의 군사전략』(서울: 한울, 2008), pp. 9~10.

7   예를 들자면, 최근 국제적 중요성이 부각되고 있는 평화활동이나 공해상의 해적퇴치 등 비전시적 상황과 관련해서도 사전에 군사전략의 수립 필요성이 제기되고 있다.

8   Posen, *Sources of Military Doctrine*, p. 245 미주 3.

가 되어야 한다.

　제1차 세계대전의 예를 통해서 생각해본다면, 당시 유럽 국가들의 안보전략은 두 진영 간의 대결에서 생존하는 것이었고 이를 위해 대부분의 국가는 그중 하나의 진영에 참여하는 결정을 내렸다고 할 수 있다. 또한 당시 유럽의 주요 국가들은 서로 상대방이 공격적 군사전략을 채택하고 있다고 확신하고, 이에 대응하기 위해 공격적 군사전략을 수립하였고 이를 바탕으로 촉발요인이 제공되자 사전에 기획된 전략을 실행하여 전쟁을 수행하였다.[9]

　그러나 당시에 실제 치열했던 전투는 주로 참호전의 형태로 진행되었다. 즉 군사전략과 실제 전투 수행의 지침인 전술 사이에 극심한 간극이 있었고, 이는 결국 당시 각국이 달성하고자 했던 정치적 목적의 실현과는 너무나 다른 비극적 결과인 장기간의 교착 상태에서의 전투로 이어졌다. 제2차 세계대전의 사례에서도 이러한 문제가 지적될 수 있다. 프랑스는 당시의 군사기술적 진전과 독일의 전략에 대한 정확한 판단을 결여하여 제1차 세계대전의 경험을 토대로 마지노선에 집착하는 우를 범하고, 전쟁의 초기에 결정적인 패배를 당했다고 할 수 있다.

　따라서 전략적 환경에 대한 정확한 평가와 이를 바탕으로 한 전략과 전술의 수립은 중요하다. 여기에는 결국 지정학적 환경에 대한 보다 현실적인 이해와 자국 군대의 장·단점에 대한 정확한 평가, 그리고 적절한 군사력의 유지와 효과 발휘를 위한 자원의 확충에 대한 계획이 포함되어야 한다.

9　Stephen van Evera, "The Cult of the Offensive and the Origins of the First World War," *International Security*, Vol. 9, No. 1 (Summer 1984), pp. 58~107.

이렇게 합리적이고 실현 가능한 전략이 수립되기 위해서는 특히 민간 지도부와 군 사이에 필요한 정보가 공유되어야 하고 군사전략 및 작전 계획의 대안을 포괄적으로 평가하는 제도적 장치가 마련되어야 한다. 이를 전략 조정(strategic coordination)이라고 할 수 있는데, 정상적이고 생산적인 전략 조정은 안보환경의 기본 가정과 불확실성에 대한 토론이 보장되어야 가능하다.[10] 이런 관점에서 본다면 사담 후세인을 제거한 이후에도 이라크에서 미국이 고전하고 상당한 인명 손실을 볼 수밖에 없었던 가장 결정적인 이유는 전면적인 전투가 종결된 이후의 상황에 대한 정확한 판단과 그에 기초한 실행 계획의 수립이 잘 되어 있지 않았으며, 이는 미국 내의 전략 조정에 결함이 있었음을 반증하는 것이라 할 수 있다.[11]

2.2 | 억지의 개념과 논리

2.2.1 | 실전 기반 억지 전략의 필요성

이 글에서 억지를 우선 강조하는 이유는 전략 조정의 관점에서 한국이 처해 있는 국제정치적 환경을 반영하기 위함이다. 최근에 한국의 군사전략으로 북한의 전면적 도발을 억지하기 위한 것으로는 충분하지 않고 보다 적극적으로 전쟁수행 능력의 강화에 기반을 둔 '실전 기반 억지' 전략을 추구해야 한다는 주장이 대두되어왔다.[12] 이런

---

10 Risa Brooks, *Shaping Strategy: The Civil-Military Politics of Strategic Assessment* (Princeton, NJ: Princeton University Press, 2008).

11 고봉준, 「국가안보와 군사력」, 함택영·박영준 편, 『안전보장의 국제정치학』 (서울: 사회평론, 2010), 205~206쪽.

12 박창희, 「한국의 '신군사전략' 개념: 전쟁수행 중심의 '실전기반 억제」, ≪국가

표 4-1
한국의 '신군사전략': '전쟁수행' 중심의 '실전 기반 억제'

구분	군사전략	중심 개념	목적
국지도발 대비	응징적 억제	보복 및 거부	추가도발 방지
전면전 대비	방어적 공세	수도방어, 전격전 및 신속결전	정권붕괴 및 통일 추구
핵위협 대비	선제적 억제	전술적 핵 반격 /전략핵 선제대응	전략핵 억제, 대응, 보복

자료: 박창희, 「한국의 '신군사전략' 개념: 전쟁수행 중심의 '실전기반 억제'」, ≪국가전략≫, 제17권 3호(2011), 50쪽.

주장의 핵심은 보복 차원에서의 전투수행과 방어 후 신속히 공세로 전환하여 전격적으로 신속결전을 추구하여 적의 붕괴를 시도해야 한다는 것이다. 아울러 북한의 (핵을 포함한) 다양한 도발에 유효하게 대응할 수 있는 다양한 옵션을 갖추고 있어야 한다는 것이 이런 전략에서 요구되는 요소이다.

군사적으로 다양한 대안에 대한 검토와 계획의 수립은 필수적이지만, 여전히 국제법과 국제정치의 현실을 고려할 때 우리 군사전략의 핵심은 억지여야 한다. 또한 현실적인 이유로 우리는 일종의 '유연반응'과 유사한 전략적 고민을 하고 있다고 볼 수 있다. 특히 핵무기를 보유한 것으로 추정되는 북한에 대한 현재의 확장억지 개념은 국지전에 대한 대응의 문제, 핵 보복의 실제 가능성에 대한 신뢰성 문제, 그리고 양자 파멸적인 핵전쟁의 가능성을 높이는 준비를 요구한다는 측면에서 미국이 냉전 초기 추구했던 대량보복전략의 문제점을 답습하고 있다. 따라서 굴복과 (핵 사용을 포함한) 전면전이라는 양 극단 사이에서 다양한 대응의 방식에 대한 체계적 고민은 당연히 필요하다고 할 수 있다. 즉 표 4-1에서처럼 전쟁 수행 능력에 주안점을 둔 군사

전략≫(2011), 제17권 3호.

전략이 대북 억지력 강화를 위해서 필요하다는 것이 이런 전략 주장의 핵심이다.

이런 고민과 같은 맥락에서 우리 정부는 '능동적 억제 전략'이라는 개념을 도입하였다.[13] 이는 이명박 정부에서 활동했던 '국방선진화 추진위원회'에서 기존 대북 거부적 억제 전략을 비판하면서 제시했던 적극적 억제 개념을 이어받은 개념이다.[14] 국방부에 따르면 능동적 억제는 북한 도발 시 자위권 차원에서 단호하게 대처하고 전면전 방지를 위해 선제적인 대응조치까지 포함하는 개념이다. 여기에서 선제적인 대응조치는 "도발 억제를 위한 군사적·비군사적 모든 조치를 포함한 개념"이고, 전면전 도발 징후가 명백·임박한 경우에는 "국제법적으로 허용하는 자위권 범위 내에서 모든 수단을 강구한다는 의

---

13 정부에서는 deterrence를 의미하는 개념을 주로 '억제'로 쓰고 있으나, 학계에서는 '억지'와 '억제'라는 단어가 혼용되어왔다. 이 글에서 필자는 deterrence를 의미할 때 '억지'라는 단어로 통일하여 쓰고 필요시 정부의 공식적 용어를 인용할 때만 '억제'라는 단어를 쓰기로 한다.

14 적극적 억제 개념은 그 대상으로 북한의 국지도발에 중점을 둔다는 특징을 지녔다. 즉 향후 물론 북한의 전면적인 도발도 가능하지만, 최근 북한의 행태나 전력 구조를 볼 때 오히려 국지도발의 지속적 가능성이 존재하기 때문에 이에 대한 대비를 보다 강화한다는 차원이다. 그간의 과정을 돌이킬 때 한국군의 능력과 한국 정부의 의지가 무엇보다도 강조되어야 하므로, 북한의 도발을 격퇴시킬 수 있는 능력을 확보하고 이런 능력을 현실화시키겠다는 의지가 이 개념에 담겨 있는 것이다. 적극적 억제는 문자 그대로 군사력의 선제적 사용보다는 북한의 도발을 '억제'하는 것에 주안점을 두지만 북한의 도발 시에는 적극적이고 단호한 응징을 하겠다는 것이다. 이를 통해 위기 및 교전 상황을 조기에 종결시킴으로써 전면전으로의 확전을 방지하겠다는 것이다. 즉 북한이 국지전적 도발을 감행하는 경우 공격 원점에 대한 타격을 원칙적으로 배제하지는 않지만, 공격 후에 군사적 보복 차원에서 제3의 목표물을 타격하지는 않는다는 것이 적극적 억제 개념의 기본 원칙이다.

미"라는 것이 국방부의 설명이다.[15]

2.2.2 ᅵ 억지 이론의 유효성

이러한 정부의 억지 전략의 유효성과 타당성을 검토하기 위해서
는 억지 이론의 발전과 관련된 부가적 토론이 필요하다. 억지는 반
드시 군사력이 실제 사용되는 것을 의미하지는 않으나 군사력 사용
의 위협을 통해 상대방의 행동을 억압하려는 목적을 가진다. 억압
(coercion)은 크게 적국의 행동을 변화시키기 위해 무력의 사용을 위협
하거나 그러한 위협을 뒷받침하기 위해 제한된 무력을 실제로 사용
하는 것을 의미하는데,[16] 이는 전술한 억지와 의도하지 않은 행동을
하게 하는 강제라는 요소로 구분해볼 수 있다.[17] 억지를 위해서는
방어능력과 공격능력 양자 모두 유용성을 가지는데, 이는 억지가 일
반적으로 거부적 억지(deterrence by denial)와 징벌적 억지(deterrence by
punishment)로 구분되기 때문이다.[18]

억지력은 적의 공격에 수반되는 비용을 높이고 이득을 줄임으로
써 획득되는데, 거부적 억지 혹은 재래식 억지는 일반적으로 방어 역
량을 개선함으로써 목적 달성의 가능성을 제고하며, 징벌적 억지 혹

---

15 ≪연합뉴스≫, 2014년 3월 6일 기사, http://www.yonhapnews.co.kr/politics/
   2014/03/06/0501000000AKR20140306084600043.HTML.

16 Daniel Byman, Matthew Waxman, and Charles Wolf, *The Dynamics of
   Coercion: American Foreign Policy and the Limits of Military Might* (Cambridge:
   Cambridge University Press, 2002), p. 1.

17 Lawrence Freedman, *Deterrence* (Malder, MA: Polity Press, 2004), pp. 26~
   27.

18 거부적 억지와 징벌적 억지는 각각 재래식 무기와 전략(핵)무기와 밀접한 관련
   을 가진다.

은 핵 억지는 보복공격 능력의 확보를 통해 그 목적 달성 가능성을 높일 수 있다. 이 중 거부적 억지력은 방어태세를 견고히 하거나 효율적 민방위 체제 등 피해 회피의 노력을 통해 강화될 수 있으며 그 효과성에 대한 논의와는 별도로 개념적으로는 상대적으로 단순하게 이해할 수 있다. 그러나 개념적으로 징벌적 억지(혹은 핵 억지)는 복잡성을 지닌다. 전술한 것처럼 징벌적 억지(핵 억지)는 보복공격 능력이 확보될 때에 그 신뢰성이 증가되는데, 문제는 보복공격 능력을 강화하는 두 가지 경로 모두가 안보에는 역효과(counter-productive)를 초래할 가능성을 높인다는 점이다. 우선, 기존 보복공격 능력을 유지하기 위해 저장고를 강화하거나(Hardened), 미사일의 정밀도를 높이거나, 통제체제의 효율성을 증가시키면, 이러한 조치들은 궁극적으로 실제로 핵무기를 사용할 수 있는 능력을 신장시키게 되고, 상대방은 이에 대해 대응할 수밖에 없어 일종의 안보 딜레마가 작동되는 상황에 처하게 된다. 둘째, 보복공격 능력은 상대방의 선제공격으로부터 잔존할 수 있는 핵무기의 숫자를 증가시킴으로써도 확보될 수 있는데, 이 경우 상대방 역시 적국의 대(對)군사 타격 능력을 제한하기 위해 핵무기의 숫자를 증가시키게 되어 극심한 군비경쟁을 초래할 가능성이 커진다는 것이 냉전기 미국과 소련의 핵무기 경쟁 사례를 통하여 입증되었다. 따라서 핵 시대에는 적국의 핵무기 보유 여부에 따라 억지력에 대한 계산이 달라질 수 있다는 점을 고려해야 한다.[19]

    이러한 억지 개념에 대해서는 그 적실성에 대한 의문이 지속적으로 제기되어왔고, 억지의 신뢰성과 억지능력의 충분성에 대해서도 많은 비판적 의견이 제기되어왔다. 이러한 문제 제기에도 불구하고 제2

---

19   고봉준, 「국가안보와 군사력」, 210쪽.

차 세계대전 이후 억지 개념은 강대국 전략 기획의 핵심으로 대두되었다. 그것은 아래와 같은 이유에서이다.

제2차 세계대전 종전 직후인 1945년 이후에는 핵무기의 존재 때문에 미래의 전쟁이 절망적 파괴의 전망을 통해 예방될 수 있겠다는 생각이 대두되기 시작하였으나, 동시에 이에 대한 확신도 존재하지 않았다. 당시에 동의되던 부분은 미래에 핵무기가 군사적 목적으로 다시 사용되는 것을 막아야 한다는 것이었다. 당시 전략가였던 브로디(Bernard Brodie) 등을 중심으로 퍼진 주장은 핵무기는 아무리 무모하고 공격적인 행위자라도 사용을 주저할 수밖에 없는 엄청난 위력을 가졌다는 것이다.[20] 물론 미국의 핵 독점기에는 이런 생각이 유효할 수도 있었으나 소련이 보복공격 능력을 보유하게 된 이후에도 억지 이론이 생존하여 신뢰할 수 있다고 인정된 점은 현재 한국의 상황과 관련하여 중요한 시사점을 제시한다.

여기에 대해 프리드먼(Lawrence Freedman)은 네 가지 이유를 제시한다. 우선 억지라는 개념은 무모한 느낌을 주지 않는 동시에 강건한 느낌을 주었다는 것이다. 즉 현상타파를 목적으로 하지는 않지만 적을 봉쇄하는 데에 무력을 사용할 수 있다는 느낌을 주었기 때문에 당시 미국의 전략적 입장과 합치되었다는 것이다. 당시의 분위기에서 억지는 사실상 봉쇄의 유일한 수단이었고, 동시에 침략을 전제로 하고 있기에 공격적이라기보다는 반응적이라는 인식을 주기에 충분하였다는 것이다.

둘째, 사실상 핵무기와 관련해서는 다른 관점에서의 접근이 불가능했을 수 있다. 당시에 핵무기는 그 파괴력 때문에 미국이 유럽 대륙

---

20   Freedman, *Deterrence*, p. 10.

에서 동맹국을 대신하여 너무 많은 노력을 기울이지 않고서도 소련이 공격 감행을 단념하게 하는 데에 충분한 설득력을 가질 수 있도록 비용을 증가시키는 수단으로 인식되었다. 즉 애초에 미국은 전쟁을 이기기 위해 핵무기를 개발했으나, 이후에는 이를 다른 방식의 전략적 이점으로 활용하고자 하였다. 소련이 핵무기를 개발한 이후에는 이러한 전략적 이점이 사라지고 정치적 상황은 이전보다 안정되었는데, 이런 상황에서 양국은 무기 기술 개발에서 상대방을 압도하거나 낮은 수준에서의 위험을 감수함으로써 높은 수준에서의 확전 위험의 대립을 현명하게 조정하는 우위를 점하려고 시도하였다. 이런 일환으로 1950년대 서방정부는 소련과의 전투에서 실제로 핵전쟁을 고려하고 있음을 설파하고, 위기 시 끝까지 갈 수 있을 만큼 스스로가 무모하다고 강조하였다. 그럼에도 결과가 상호 파멸로 귀결될 것 같은 경우에 양국은 자제하였다.[21] 즉 냉전기를 통틀어 전략가들은 전력의 중요성은 예비전력에 있다는 생각과 적을 섬멸할 준비를 하는 것은 너무 위험하다는 판단에 의해 주도되었다. 따라서 군사적 준비는 협상 지위의 우월성을 확보하는 데에 집중되었다.[22]

셋째, 냉전기에 전략가들이 이론적으로 여러 고민을 하였으나, 실제로는 억지가 더 작동이 잘된 것으로 보였기 때문에 억지 개념이 생존할 수 있었다. 그 유력한 증거는 모두가 예상했던 미국과 소련 사이의 전쟁이 발생하지 않은 것이다. 그런데 그 이유는 당시 정치인들이 전쟁을 회피하기 위해 최선의 노력을 다했기 때문이다. 하워드

---

21 이에 대해 키신저(Henry Kissinger)는 핵 시대가 전략을 억지로, 그리고 억지를 매우 난해한 지적 연습으로 바꾸었다고 주장한 바 있다. Henry Kissinger, *Diplomacy* (New York: Simon & Schuster, Kissinger 1994), p. 608.

22 Freedman, *Deterrence*, pp. 11~13.

(Michael Howard) 등의 역사학자는 이런 사실을 기반으로 하여 핵무기가 소련을 억지하여 실제로 전쟁을 회피할 수 있었다고 주장한다.

마지막으로 제도적 관성이 작용되었을 수 있다. 냉전기에 양극적 대립이 상당히 오랜 기간 지속되었기 때문에 이런 대립적 구도 속에서 모든 외교 정책적 질문과 군사 기획이 제기되고 형성될 수밖에 없었기 때문에 억지를 중심으로 한 제도적 관성이 지속될 수밖에 없었다는 지적이다. 당시에 거의 모든 방위 조항, 기구 및 제도 등이 상대편이 전쟁을 촉발하지 않도록 설득하는 것을 목적으로 기획되었기에 억지가 관성으로 작용할 수 있었다는 것이다.[23]

2.2.3 | 일반 억지와 긴급 억지

일반 억지와 긴급 억지는 대립하는 양자 간의 전략적 긴장 관계의 수준에 따라 이해할 수 있다. 긴급억지는 위기의 과정 속에서 억지를 위한 일방의 적극적이고 긴급한 노력이 관찰되고 그러한 위협의 효과가 상대방의 행동에 의해서 곧 판명되는 상황을 의미한다. 반면 일반 억지는 보다 여유 있는 상황에 해당한다. 직접적인 긴장 교환이 부재한 상태에서 억지는 각자의 전략적 환경에 대한 평가에 의존하게 된다. 이런 관계는 양자가 서로 비적대적인 평가를 증가시킬 때 해소될 수도 있지만 역으로 긴급억지의 상황으로 돌입하게 될 수도 있다. 즉 전쟁이 즉각 발발할 위험이 없다고 하더라도 가능한 시나리오라면 양자 간의 관계의 불안정성은 증대되고, 이는 결국 긴급 억지 능력의 확보에 대한 우려를 증가시켜 다시 관계를 악화시키는 악순환의 경로로 유도할 가능성이 있다. 긴급 억지의 상황에서는 각국이 군사적 효

---

23   Freedman, *Deterrence*, pp. 14.

율성과 전투 준비태세에 보다 집중하고, 만약 일방의 전방 군사력이 상대방보다 현저한 열세에 처하게 되면 이를 만회하기 위한 급격한 시도가 심지어 사소한 위기도 악화시킬 위험성이 존재하게 된다.[24]

2.3 | 전략적 비대칭성

비대칭성의 개념은 미국의 1997년 4년 주기 국방검토보고서 (QDR: Quadrennial Defense Review)에서 본격적으로 논의되기 시작하였다. 물론 이는 압도적 재래식 군사력을 보유한 미국에 대한 위협은 비전통적인 방식을 차용한 비대칭 위협에서 나올 것임을 경고하기 위함이었다. 즉 미국의 잠재적 적이 비대칭 전략과 수단을 사용할 가능성에 대해 이해해야 한다는 것이었다.

이러한 비대칭적 갈등 사례에 대한 시론적 연구로는 맥(Andrew Mack)의 연구를 들 수 있다.[25] 맥은 과거 전쟁 사례를 분석하여 약자가 전쟁에서 승리한 경우가 증가하는 경향성과 함께 약자의 승리 이유를 다음과 같이 설명한다. 전력이 상대적으로 우월한 강대국은 생존에 대한 위기감을 크게 가지지 않기 때문에 약소국과의 전쟁에서 반드시 승리해야 한다는 이익 개념이 상대적으로 약하게 된다. 반면 약소국은 전쟁에 투여된 이익과 관심이 강대국보다 상대적으로 크기 때문에 전쟁에 보다 적극적으로 임하게 되어 예측하지 못한 결과를 가져올 수 있다는 것이다. 결국 주장의 핵심은 전쟁의 승패가 전쟁에

---

24 Freedman, *Deterrence*, pp. 41~42.

25 Andrew Mack, "Why Big Nations Lose Small Wars: The Politics of Asymmetric Conflict," *World Politics*, Vol. 27, No. 2 (1975).

결부된 행위자들의 의지와 밀접한 관련이 있으며, 결국 전략적 선택
은 물리적 능력보다는 의지의 약화 및 손상에 중점을 두어야 한다는
것이었다.

관련하여 베넷(Bruce W. Bennett) 등은 미국의 1997년 QDR의 기
본 개념을 지원하기 위해 비대칭 전략에 대해 연구하면서 비대칭 전
략이 왜 국방기획에서 중요한지, 그리고 비대칭 전략이 미국의 향후
군사 행동에 어떤 영향을 미칠 것인지를 분석하였다.[26] 이 글은 미국
의 적대국이 미래의 갈등에서 비대칭 전략을 채택할 가능성이 높다고
지적하였는데, 그 이유는 당연하게도 압도적 군사력을 보유한 미국의
군사력 구조와 관련 전략을 모방하는 것은 다른 국가에게는 너무 고
비용이기 때문이라는 것이다. 따라서 미래의 적국은 미국의 강점을
직접적으로 공격하기보다는 미국의 약점을 목표로 하는 비대칭 전략
을 추진할 것으로 전망하였다. 이에 대응하기 위해서는 미국의 상당
한 정보자산이 전술적 이슈보다는 적의 전략과 취약성에 집중되어야
하고, 이런 전략이 더욱 구체적으로 발전되면 결국 미국의 전력 구조
와 대비태세 등에 광범위한 영향을 미칠 것이라는 것이 글의 핵심 주
장이다.

한편 아레구인 - 토프트(Ivan Arreguin-Toft)는 맥의 주장을 반박하
면서, 전쟁 개시 시점의 이익과 관심보다는 양자 간 전략적 상호작용
이 비대칭 분쟁의 승패를 설명하는 주요 요인이라고 주장하였다.[27]
이 주장에 따르면 강대국도 일단 전쟁을 개시하면 승리에 대한 이익

---

26 Bruce W. Bennett, Christopher P. Twomey, and Gregory F. Treverton,
    What Are Asymmetric Strategies? (Santa Monicva, CA: RAND, 1999).

27 Ivan Arreguin-Toft, "How the Weak Win Wars: A Theory of Asymmetric
    Conflict," *International Security*, Vol. 26, No. 1 (2001).

과 관심을 증대시키기 때문에 이익과 관심의 비대칭이 결정적일 수 없다는 것이다. 따라서 국력의 격차 때문에 쌍방의 전략이 동일할 경우에는 강자가 승리하고, 다를 경우에 약자가 승리할 가능성이 높아진다고 이 글은 주장한다.

이러한 이해는 드류(Dennis M. Drew)와 스노(M. Snow)가 비대칭 전략을 불리한 상황에 처해 있는 행위자가 전쟁을 수행하는 방식으로 정의하는 것과 같은 맥락에 있다.[28] 이들은 기존에 수용되던 전쟁 방식으로 싸워서는 성공할 수 없다고 판단하는 행위자가 기회를 포착하기 위해 기존의 규칙을 변경하고자 시도하는 것이 비대칭 전략이라고 지적한다. 따라서 이들은 비대칭 전략을 크게 분란전(insurgent warfare), 신내전(new internal war), 제4세대 전쟁, 테러리즘 등으로 구분하였는데, 이들의 주장 중 비대칭 전략이 특히 미국에 문제가 되는 것은 미국이 전쟁의 이러한 측면에 대해 충분한 지적인 고민을 투여해오지 않았다는 점이다.[29] 이러한 지적은 현재 한국에도 시사하는 바가 클 수 있다. 즉 개념적으로 비대칭 전쟁의 수행은 '고정관념에서 벗어날(thinking outside the box) 것'을 요구하는데, 이러한 방식은 군 조직 문화에서는 보편적으로 받아들여지기 힘든 부분이 있는 것이 사실이다. 제도적으로도 미군은 재래식, 대칭 전쟁의 수행을 위한 경험을 누적하고 최적화되어 있어 그런 조직을 변화시키는 것을 꺼릴 가능성이 크다는 것이 필자들의 우려이다. 예를 들어 비대칭 전쟁을 수행하기 위한 특수전사령부(SOCOM: Special Operations Command)가 창설되어 활

---

28 Dennis M. Drew and Donald M. Snow, *Making Twenty-First-Century Strategy: An Introduction to Modern National Security Processes and Problems* (Maxwell Air Force Base, AL: Air University Press, 2006), pp. 131~132.

29 abid, p. 233.

동하기는 하지만, 이는 각 군에서 열외자 취급을 받는 경향이 있으며 여전히 지상전 수행을 위해 보병 부대를 존속시키는 것이 현실이라는 것이다.

이상의 논의는 비대칭 전략을 약자의 논리로 파악하는 반면에, 브린(Michael Breen)과 겔처(Joshua A. Geltzer)는 비대칭 전략이 약자의 전략이라는 통상적인 이해를 반박한다.[30] 이들은 이미 다양한 방식으로 비대칭 전략이 강자의 전략으로 활용되어왔음을 설명하고, 결과적으로 비대칭 전략은 미국에 대해서만 사용될 수 있다는 통상적 인식을 반박하면서 미국도 비대칭 전략을 활용할 것을 주장한다. 특히 강자에 의해 활용되는 비대칭 전략이 향후 더욱 큰 상대적 중요성을 가질 수 있고, 더구나 비대칭 전략이 미국에 여러 가지 이점을 부여할 수 있다고 판단한다. 우선 상대방의 주요 능력에 대응하기 위해 고비용의 능력을 사용하지 않아도 되기 때문에 상대적으로 경제적일 수 있다. 또한 미국의 비대칭 전략은 단기적으로 상대방이 미국에 대응하기 위해 자국의 전략을 재평가하는 동안 방향성을 상실할 수밖에 없게 하는 효과를 발휘할 수 있다. 아울러 본질적으로 비대칭 전략은 상대방이 적국의 기존 전략과 그것에 결부된 상대적 강점, 그리고 상대가 활용할 수 있는 가능한 대안에 대해 혼란스럽게 만들기 때문에 효과가 상당할 수 있다는 것이 필자들의 인식이다. 그렇다면 강자도 약자에 대해 극적인 결과를 얻기 위해 비대칭 전략을 사용할 수 있고, 결국 미국도 자국 현실에 부합하는 독자적인 비대칭 전략을 개발해야 한다는 것이다. 이들에 따르면 미국의 비대칭 전략은 상대적으로 강

---

30 Michael Breen and Joshua A. Geltzer, "Asymmetric Strategies as Strategies of the Strong," *Parameters*, Vol. 41, Issue 1 (2011).

점을 가지고 있는 영역에서 도출되고, 미국의 윤리와 글로벌 리더십에 부합해야 한다.[31]

3 | 육군의 군사혁신과 전략적 비대칭성 추구

3.1 | 군사혁신의 진행과 미국 군사혁신의 방향

억지와 비대칭성 논의와 함께 군사혁신의 방향성에 대해 논의할 필요가 있다. 일반적으로 군사혁신은 새로운 기술이 군 체계의 전반에 영향을 미쳐 작전과 조직상에 혁신적 변화가 생기는 동시에 군사적 갈등의 성격과 진행 방식을 근본적으로 변화시키는 현상을 의미한다.[32] 이러한 군사혁신은 일반적으로 기술변화, 무기체계 발전, 작전혁신, 조직 변화 등 네 가지 요소를 포함되고, 이러한 조건들이 결합

---

31 abid, p. 52.

32 군사혁신에 대한 보다 자세한 논의는 다음 문헌을 참조할 것. Martin van Creveld, *Technology and War: From 2000 B. C. to the Present* (New York: The Free Press, 1989); Andrew F. Krepinevich, "Cavalry to Computer: The Pattern of Military Revolutions," *The National Interest*, No. 37 (1994); Steven Metz and James Kievit, *Strategy and the Revolution in Military Affairs: From Theory to Policy* (Carlisle Barracks, PA: Strategic Studies Institute, U.S. Army War College, 1995); Richard O. Hundley, *Past Revolutions and Future Transformations* (Washington, DC: RAND, 1999); John Arquilla and David Ronfeldt, *Swarming and the Future of Conflict.* (Santa Monica, CA: RAND, 2000); Thierry Gongora and Harald von Riekhoff (eds.), *Toward a Revolution in Military Affairs?: Defense and Security at the Dawn of the Twenty-First Century* (Westport, CT: Greenwood Press, 2000).

표 4-2
군사혁신의 역사

구분	개요	시기	주요기술	특징/결과
제1세대	보병혁명	14세기	강궁	장비·훈련비용 저렴/ 중기병 대체, 사상자 증가
제2세대	대포혁명	15세기	포신확대, 야금술, 화약압축	비용증가/ 중앙집권화, 공성포병부대, 수성전술 포기
제3세대	함포· 범선혁명	16세기	대형범선, 포탑	전함체제 및 공격전술 변화
제4세대	요새혁명	16세기	이탈리아식 축성술	비용증가로 확산 저해/ 보병의 발전
제5세대	화약혁명	17세기	구식 장총	선형전술, 훈련시간 단축/ 스웨덴식 체제
제6세대	나폴레옹 혁명	18세기	생산표준화, 대포 경량화	산업혁명, 기동성 증가/ 가용병력 급증, 요새혁명 효과 급감, 독립 작전단위 사단 편제, 나폴레옹 식 전격전
제7세대	지상전 혁명	남북전쟁 전후	철도, 라이플, 전신	전략적 기동성, 대규모 병력 효율적 지휘/ 무장 경량화, 참호전·기관총의 발전
제8세대	해군혁명	19세기 중반전	철갑, 증기동력	대포사거리 증가, 잠수함, 어뢰/ 잠수함전략봉쇄, 통상파괴전술, 대잠 작전
제9세대	전간기 혁명	전간기	공군, 기갑전력, 무선	전격전, 함재기, 수륙양용차, 전략폭격/ 기갑사단, 항모전단, 전략폭격기
제10세대	핵혁명	20세기 중반	핵무기, 미사일	억지/ 핵잠수함전단, 전략로켓군

자료: Krepinevich, "Cavalry to Computer"에서 요약 발췌하여 고봉준, 「국가안보와 군사력」, 194쪽에 게재된 것을 전재.

하여 군사혁신을 특징짓는 군사적 효율성을 실현시키게 된다.[33]

물론 군사혁신은 군사과학기술의 혁명적 진전을 바탕으로 해야 하는데, 국가 간의 대결과 갈등이 바로 군사 기술 혁신의 주요 추동력이었다고 할 수 있다. 예를 들어 제2차 세계대전 이후 미국 과학계에 가장 많은 기금을 투여한 주체는 미국 국방부였고,[34] 따라서 미국

---

33 Krepinevich, "Cavalry to Computer."

의 주도적 첨단기술의 개발은 주로 군사적 사용을 염두에 두고 진행되었다.[35]

군사혁신의 구체적 모습과 정의에 대해서는 학자에 따라서는 이견이 있지만, 크레피네비치의 분류에 따르면 21세기 군사혁신 이전에 총 열 차례의 군사혁신이 역사적으로 존재한다.[36]

이들 사례를 통해서 보면 군사혁신은 새로운 기술의 발전에 부합하는 우월성을 획득한 무기, 조직, 전술에 의해 낡은 무기와 조직 및 전술이 도태되는 일반적인 모습을 관찰할 수 있다. 마찬가지로 20세기말부터 진행된 최근의 군사혁신 또는 군사변환(Military Transformation) 또한 군사력의 새로운 요소에 대한 이해와 접근법의 필요성을 대두시켰다. 이는 최근에는 미래전에 대한 고민들로 표출되고 있다.

특히 미국은 정보통신 기술 등의 과학적 진전을 토대로 1990년대 중반 이후 군사작전 자체의 패러다임을 전환시키려 노력해왔다.[37] 예를 들어 1997년 QDR에서 미국은 2015년까지의 미국 안보환경을 평가하면서 정보 요소의 중요성을 새롭게 강조하였다.[38] 1997년

---

34 예를 들어 미국의 사립 명문 대학인 스탠퍼드 대학(Stanford University)은 양차 대전 사이에 국방부와 방위산업체로부터 막대한 연구비를 지원받았으며, 제2차 세계대전 이후에도 국방부로부터 막대한 자금을 지원받아 현재의 발전적 모습의 토대를 닦았다고 평가받는다.

35 Stuart W. Leslie, *The Cold War and American Science: The Military-Industrial-Academic Complex at MIT and Stanford* (New York: Columbia University Press, 1993), p. 1, 13.

36 Krepinevich, "Cavalry to Computer."

37 박휘락, 「국방개혁에 있어서 변화의 집중성과 점증성: 미군 변혁(transformation)의 함의」. ≪국방연구≫, 제51권 제1호 (2008), 98~100쪽.

38 William S. Cohen, *Report of the Quadrennial Defense Review* (May 1997).

QDR은 정보통신 기술의 잠재력을 극대화하여 전투방식을 변화시키는 데 기술적 우위를 적극 활용함으로써 미국의 군사력이 미래의 수요에 부합하는 방향으로 변모할 수 있다고 제시하였다. 이러한 운용개념은 1996년에 공표된 합동비전 2010(Joint Vision 2010)에서 구체적으로 정의되었다.

합동비전 2010은 정보우위(information superiority)를 극대화하는 방향으로 미국 군사력을 재편하는 기틀을 제공하였다. 여기서 정보우위란 "흐름이 중단되지 않는 정보를 수집·처리·배분하는 동시에 상대방이 동일한 능력을 가지는 것을 방지할 수 있는 능력"을 의미하는 것이다.[39] 이 합동비전 2010에서 제시된 운용개념(우월적 기동, 정밀 교전, 합동 방호, 집중적 군수지원)은 정보통신기술의 통합적 조율능력이 확보되어야 하는 것이다.

정보우위와 결합한 네 가지 운용개념은 2000년에 공표된 합동비전 2020에서도 유지되었다. 합동비전 2020은 특히 두 가지 요소에 주목하였다. 첫째, 정보통신 기술의 지속적 발전과 확산이 전쟁과 전투의 방식을 획기적으로 변화시킬 것으로 예상하였다. 즉 정보환경의 변화가 합동군사력의 운용능력을 변환시키고 합동통제체제를 발전시키는 데 정보우위를 가장 중요한 요소로 요구하게 된다는 것이다. 둘째, 결과적으로 미국의 군사력의 발전은 병력과 조직 구성에 혁신을 배양할 수 있는 지적·기술적 혁신 능력과 밀접하게 연결되어 있다는 것이다.[40] 이런 관점에서 합동비전 2020은 "정보, 정보처리능력, 통신 네트워크가 모든 군사 활동의 핵심에 있다"고 강조하였다.[41]

39　U.S. Joint Chiefs of Staff, *Joint Vision 2010* (1996), p. 16.

40　U.S. Joint Chiefs of Staff, *Joint Vision 2020* (2000), p. 4.

미국은 특히 2001년에 발표된 QDR을 통해 변혁의 방향을 지휘·통제·통신·컴퓨터·정보·감시·정찰(C4ISR: Command, Control, Communications, Computers, Intelligence, Surveillance & Reconnaissance) 구조의 혁신을 통한 통합작전 능력의 신장으로 구체화하였다. 이는 결론적으로 미국의 취약점을 보호하고 장점을 극대화할 수 있도록 군사적 경쟁과 협력에 필요한 개념, 능력, 조직을 새롭게 규정하는 것이었다.[42] 특히 이러한 군사혁신에서 제시된 "잠재적 적국을 단념시킨다"는 개념은 이전의 군사전략과는 차별화되는 방향성을 의미하는 것으로서 전략적 환경의 변화를 반영하는 것이었다.[43]

이런 과정에서 대두된 미국의 합동성 개념은 최첨단 능력을 추구하는 발달된 무기체계와 그러한 무기체계의 효과적 연계를 구성할 수 있는 네트워크 능력을 중심으로 작전환경을 구현할 수 있다는 자신감을 바탕으로 한 미래지향적이고 포괄적인 구상이라고 할 수 있다. 미국은 우월한 작전환경의 구현으로 실질적으로 지상·해상·공중에서의 영역별 전장 공간의 제한을 극복해나가고 있다. 이러한 능력은 미

---

41 *Joint Vision 2020*(2000), p. 11.

42 미국 국방부, *Quadrennial Defense Review Report*(Sep. 30, 2001).

43 실제로 미국과 잠재적 적국 사이의 군사력 등 국력의 격차 때문에 현재 상황에서는 미국에의 도전에 따르는 비용이 막대하여 타국이 미국과 경쟁을 할 유인이 없다는 견해에 대해서는 William C. Wohlforth, "U.S. Strategy in a Unipolar World," in G. John Ikenberry (ed.), *America Unrivaled: the Future of the Balance of Power*(Ithaca, NY: Cornell University Press, 2002) 및 Stephen Brooks and William C. Wohlforth, "American Primacy in Perspective," *Foreign Affairs*, Vol. 81, No. 4 (2002)를 참고할 것. 이에 대한 반론, 즉 미국의 국력의 기반이 부식되고 있으며 최근까지 미국이 누려오던 여러 가지 전략적 이점이 사라지고 있다는 견해는 Krepinevich, "Cavalry to Computer: The Pattern of Military Revolutions" 참고.

국의 각 군 간 및 미국의 동맹국들과의 정보공유와 합동 통제체제의 측면에서 획기적으로 운용능력을 변환시키는 명확한 방향을 제시하는 것이다.

냉전 이후 미국 안보상의 위협에 가변 요인이 증가하고 명확한 형태의 위협을 규정하기 힘든 상황에서 합동비전을 통해 구현하고자 하였던 미군의 합동성 개념은 체계적으로 준비된 QDR의 지침을 통해 위협에 대한 대응보다는 불확실성을 전제로 한 능력 기반의 준비 태세 확충으로 변환시켰다는 의미를 지닌다. 능력 기반의 국방기획은 미래 위협의 불확실성에 대비하기 위함이다. 즉 명확한 적국이 부재하거나 미리 규정하기에는 힘든 다양한 위협의 형태가 예상될 경우, 결국은 어떤 위협에도 대처할 수 있는 다양한 능력을 강화하는 데에 중점을 두는 방식이다. 결과적으로 능력 기반 국방기획을 채택함으로써 미군은 어떤 형태의 임무라도 수행할 수 있는 능력상의 충분성과 융통성을 강화하였다.[44]

물론 이러한 충분성과 융통성을 확보하기 위해 미국의 각 군 간, 각급 정부 및 비정부기관과의 협조를 토대로 한 합동성이 필수적인 요소로 고려되는 것이다. 이렇게 미국이 주도한 최근의 군사혁신은 정밀 유도무기, 정보의 처리, 지휘·통제 기술, 전자·방공 능력에서 획기적인 향상을 유도해오고 있다. 이는 자국의 손실을 최소화하면서 적의 정치·군사적 핵심 요소를 정밀 타격함으로써 승리를 거두고자 하는 노력이다. 이러한 노력은 1990년대 중반 이후 획기적인 발전을 거듭해오고 있는 정보통신 기술의 발전을 기반으로 한다. 기술적 진전을

---

44 박휘락, 「능력기반 국방기획과 한국군의 수용방향」. ≪국가전략≫, 제13권 2호 (2007), p. 10, 18).

바탕으로 정확한 정보의 수집은 물론 전장과 사령부 사이의 정보 공유 네트워크를 구성하여 실시간 정보의 이동을 통한 작전 효율성 극대화는 물론 군사력 운용의 통합성을 증대시킬 수 있는 것이다.

정보지식 기반의 군사력은 조직을 네트워크 조직으로 변환시켜 각 군 간 통합성을 증대시킴으로써, 필요시 통합 작전 수행 능력을 배가하게 된다. 실제로 최근 미군의 변화를 관찰하면, 지상군은 이를 바탕으로 디지털화, 경량화, 스텔스화, 정밀 유도 무기 등을 기반으로 부대의 소규모화와 고도의 생존성을 구사하고 있다. 해군 역시 해상에서 투사되는 군사력의 확보라는 개념으로 변화되고 있으며, 공군은 고성능 감지기 및 첨단 소재를 이용한 무인 항공기, 스텔스 기능 및 정밀 폭격능력을 확충함으로써 그 중요도를 증가시키고 있다. 종합하자면, 전통적 군사력은 상대방의 유사 능력을 물리적으로 파괴할 수 있는 능력을 의미하고 지상군 능력을 핵심적인 자산으로 해왔으나, 최근 들어 기존의 개념에 변화를 필요로 하는 새로운 구성 요소들이 등장하였다.[45]

그런데 전략 조정의 측면에서 보자면, 미국의 경우 합참에서 공표한 합동비전의 상위지침인 QDR의 검토 및 제출이 법제화되어 있고, QDR의 준비와 최종 보고 과정에 미국 의회를 통해 구성된 초당파적이고 독립적인 패널(국방패널: National Defense Panel)이 핵심적인 역할을 수행한다는 것이 주목해야 할 점이다. 실효성 있는 비대칭 전략에 대한 고민에 앞서 이러한 전략 조정이 선제될 수 있는가 하는 점이 관건이 될 수 있다.

---

45 더 나아가서 물리적 파괴는 최소화하지만, 대신 네트워크를 통한 정보통신 기능을 마비시켜 원하는 목적을 달성하는 정보전의 범주도 이미 등장한 바 있다.

3.1 | 군의 군사혁신과 육군의 방향성

3.1.1 | 국방개혁과 중기계획

미국 주도의 군사혁신과 같은 맥락에서 우리 군도 '국방개혁 2020'안 이후, 변화하는 안보환경과 미래전에 부합하는 국방역량과 태세를 갖추기 위해 노력해왔다. 물론 그 핵심은 합동성 증진인데, 국방부 훈령 제831호에 규정되어 있는 합동성의 개념은 "미래 전장 양상에 부합한 합동개념을 발전시키고 이를 구현하기 위한 군사력을 건설하며, 육·해·공·해병(각 군)의 전력을 통합·발휘시킴으로써 전투력의 상승효과를 극대화시켜 전승을 보장하는 것"으로 정의된다.[46]

아울러 2006년에 제정된 「국방개혁에 관한 법률」 3조에서는 국방개혁을 "정보·과학 기술을 토대로 국군조직의 능률성·경제성·미래 지향성을 강화해나가는 지속적인 과정으로서 전반적인 국방운영체제를 개선·발전시켜나가는 것"이라고 정의하고, 합동성은 "첨단 과학기술이 동원되는 미래 전쟁의 양상에 따라 총체적인 전투력의 상승효과를 극대화하기 위하여 육군·해군·공군의 전력을 효과적으로 통합·발전시키는 것"이라고 설명하고 있다. 그렇다면 현재 우리 군이 목표로 하고 있는 합동성이란, 미래전을 염두에 두고 모든 전력 요소의 상호운용성을 극대화시켜 전투력의 승수효과를 달성하고자 하는 것으로 볼 수 있다. 이러한 합동성 강화라는 목표를 달성하기 위해 합참은 합동군사교육 및 합동훈련 추진, 합동인사제도 발전, 합동전투발전체계, 합동전장아키텍처 구축 등의 차원에서 다각도의 노력을 기울여왔

---

46 신금석, 「합참대를 중심으로 한 합동성 강화 추진방안」, ≪합참≫, 제26호 (2006), 49쪽.

다고 볼 수 있다.

국방부는 이상과 같은 전력의 변화를 추진하는 국방개혁 2020(안)의 필요성을 강조하면서 합동성의 개념을 크게 세 가지 차원에서 접근해왔다. 첫째, 기존에 유지해온 병력 위주 군 구조를 정예화·경량화함에 작전 운용의 효율성과 합동성을 극대화할 필요가 있다. 둘째, 북한의 대량살상무기 위협이 증가함에 따라 이에 따른 효과적인 4단계 대응 능력을 완비하기 위해서는 네트워크를 기반으로 하여 합동성을 강화하는 전쟁수행 개념을 발전시켜야 한다. 셋째, 향후 한국군 주도의 전시 작전수행체제로의 변화가 예정된 상황에서 제대별·기능별로 미군과 효율적인 협조체제를 구축하기 위해서도 합동성을 극대화하는 노력이 필요하다는 것이다. 애초의 국방개혁안에 따르면, 군 전력구조와 관련하여 육군은 도보병력과 낡은 구형 장비 위주에서 기동력·화력·전장관리 능력을 크게 향상시키는 구조로 변화를 도모할 계획이었다.

국방개혁 2020 조정안에서도 군 구조 개편의 경우 수도권의 안보를 강화하기 위해 초전에 즉각 전투력을 발휘할 수 있도록 부대를 편성하고 북한의 비대칭 위협을 최대한 북한 지역 내에서 차단하고 제거할 수 있도록 감시·정찰·정밀타격·요격 능력을 확충하도록 하였다.[47] 특히 금년에 발표된 미래 국방발전의 청사진인 '17-21 국방중기계획'에 따르면 미래 합동작전 개념의 실현을 고려하여 소요를 최적화하는 노력과 경영효율화를 통해 전체 투입 재원을 2015년의 계획보다 증가율을 줄이고 총(總)재원도 226.5조 원으로 감소시킬 예정이다. 그런 가운데 북한의 도발을 억지하고 초전 주도권을 확보하기 위

---

47   이상현, 「국방개혁 2020 조정안 평가」, ≪정세와 정책≫(2009.8), 5쪽.

해 국지도발 및 전면전 대비 역량 강화에 24.1조 원이 배분되었는데, 이 중 지상 전력은 전술지대지 유도무기, 230mm급 다련장 등을 전력 화하여 갱도 내·외부의 적 포병 및 신형 300mm방사포 타격능력을 구비하고 국지방공레이더(소형 무인기 탐지 가능), 지뢰탐지기-II(목함 지뢰 탐지 가능) 등을 전력화하여 GP 및 GOP 은밀침투 및 기습 대비 능력을 강화해나가는 것을 목표로 하고 있다.

3.1.2 │ 미래전 대비와 무인 무기체계에 대한 고려: 세계적 추이

최근 전쟁 양상은 위협 유형의 다양화, 전쟁 수행 방식의 변화를 고려하여 무인 무기체계의 활용에 대한 고민을 반영하는 방향으로 진화하는 측면이 있다. 특히 애초에 감시 정찰 목적으로 개발된 군사용 무인 항공기는 기술적 진화와 환경의 변화에 따른 필요성 증대로 정찰 임무 외에 다양한 임무를 부여받기 시작하였고, 무인 무기체계는 유인 무기체계와의 상호운용성 강화와 효율성 확보로 중장기적으로 역할과 기능이 확대될 것으로 전망되는 것이 세계적 추이 중 하나이다.

특히 무인기 분야에서 가장 앞서고 있는 나라는 미국이다. 예를 들어 미국의 중고도 무인 정찰기 '프레데터(MQ-1 Predator)'는 헬파이어 미사일(AGM-114)을 장착하고 24시간 작전을 수행할 수 있고, 지난 2002년 알카에다 핵심 지도자를 암살한 사건으로 세계에 알려졌다. 프레데터에서 진보한 '리퍼(MQ-9 Reaper)'는 레이저 유도탄은 물론 헬파이어 미사일 4발에 자기 보호를 위한 공대공 미사일까지 탑재가 가능한데, C-130 수송기로 간단히 이동할 수 있어 아프가니스탄 등의 전장에서 큰 활약을 보여주었다. 고고도 무인 정찰기인 '글로벌 호크(RQ-4 Global Hawk)'는 작전반경이 3000km에 달하며, 20km 높이에서 사방 30cm 크기의 물체까지 식별할 수 있는 인공위성 수준의 정찰 능

력을 갖추고 있다.[48]

　이스라엘과 중국 등도 정찰기만이 아닌 무인 전투기의 개발에 박차를 가하고 있는 상황이고, 미국은 최근 공중 급유 실험을 마친 스텔스 무인 전투기 'X-47B'를 개발해왔는데, X-47B는 최고난도의 기술인 항공모함 이·착륙을 사상 처음으로 성공한 바 있다고 알려져 있다. 미국은 이 기종을 바탕으로 스텔스 기능이 탑재된 차세대 무인기를 개발해 2020년쯤 실전 배치한다는 계획을 갖고 있다.

　무인 무기체계에서 무인기는 일종의 '군사로봇'으로 분류되고, 군사로봇은 기존의 지능형 로봇이 가지는 사물 인지 능력과 이동성을 갖추고 장소와 공간의 제약 없이 병사들의 임무나 전투를 대신 수행하는 시스템을 의미한다. 현 수준의 군사로봇은 인공지능을 갖춘 형태는 아니고 사람이 조종하는 형태로 운용된다. 잘 알려진 무인 로봇 차량으로는 '팩봇(PackBot)'을 들 수 있다. 팩봇은 아프가니스탄 전쟁 당시 탈레반의 부비트랩 때문에 곤란을 경험하던 미군이 활용하여 부비트랩 탐지와 제거에 큰 도움을 받은 것으로 평가된다. 특히 무게 20kg에 가격이 4만 5000달러(약 5500만 원)밖에 되지 않는 팩봇은 군사용은 물론 인명 구조 및 원자로 해체 작업 등의 다양한 분야에서 활용된다고 보고되고 있다.[49]

　또한 무인 무기체계를 군사용 지상로봇으로 한정하여 살펴본다면 지뢰탐지, 무장 전투, 수송, 폭발물 처리, 감시정찰, 무인 환자 수송 등으로 미국이 가장 다양한 역할과 기능을 부여하고 있고, 영국은

48　우리나라도 '킬체인(Kill Chain)' 구축을 위해 2019년까지 약 12억 달러(약 1조 3000억 원)를 들여 글로벌 호크 4대를 도입할 계획으로 알려지고 있다.

49　국방부 블로그 http://mnd9090.tistory.com/3759.

지뢰탐지와 소형의 감시정찰 로봇에, 독일은 수송용과 화생방 정찰 및 목표 정찰에, 이스라엘은 감시정찰과 정찰용 소형 로봇에 집중하고 있는 것으로 파악된다.[50]

미국의 무인 무기체계 개발은 미래전투체계(Future Combat System: FCS) 구축을 배경으로 한다. 이 FCS는 다양한 무기체계의 전력 요소들이 하나의 통합전력처럼 네트워크를 중심으로 통합되어 전쟁 수행 능력을 제고시키는 체제라고 할 수 있다. 위에서 언급한 팩봇 같은 무기체계도 미국 국방부 주관하 통합 로봇 프로그램(JRP: Joint Robotics Program)을 중심으로 개발된 것이다.[51] 특히 미국은 미래전투체계 개념을 기반으로 하여 로봇의 필요성을 제기하고 획득전략을 수립한 후 이를 바탕으로 JRP 프로그램을 중심으로 단계적으로 사업을 추진하면서 기술의 공유 및 중복개발 방지를 위해 여러 조직을 조정하고 통제한 상태에서 사업을 진행한다는 특징을 보여준다.[52] 물론 군사용 로봇에 관한 운용개념은 정립되어 있다고 하더라도 실질적인 운용을 위해서는 구체적 교리가 필요한데, 아직까지는 미국도 무인 무기체계에 전반적으로 적용할 수 있는 교리를 완전히 정립하지 못한 상태이고 이는 다양한 형태의 군사용 로봇의 역할과 기능이 확대될 것을 고려한다면 시급히 고민이 되어야 할 부분이다.[53] 이는 결국 미국처럼 통합적 군사전략과의 긴밀한 상호작용에서 도출되어야 할 것이다.

50 나종철, 「미래전 대응을 위한 지상로봇 운용전략에 관한 연구(2)」, ≪국방과 기술≫, 제413호 (2013), 75쪽.

51 같은 글, 71~72쪽.

52 같은 글, 73~74쪽.

53 같은 글, 79쪽.

3.1.3 | 한국의 무인기와 무인 무기체계 개발현황

한국도 무인기 분야에서는 이미 적극적으로 활용을 하고 있다. 이미 2000년대에 들어 이스라엘의 서처, 헤론, 하피 등을 연이어 도입해 정찰 등에 활용하고 있는데, 그중 육군의 '송골매(RQ-101)', 해군의 '섀도우 400(Shadow 400)' 등이 대표적이다. 이 외에도 이러한 정찰형 무인기는 물론 무인 표적기(MQM-107 스트라이커), 자폭형 무인기(데블킬러), 무인 정찰헬기(캠콥터 S-100) 등 다양한 형태의 무인기를 활용하는 것으로 알려져 있다. 또한 무인 전투로봇 개발에도 노력을 기울이고 있다. 우리 군이 2013년에 공개한 자체 개발 '견마로봇'은 견마로봇은 근접전투 시 감시정찰, 주요 시설 감시 경계, 지뢰 탐지 등의 임무를 수행할 수 있다. 이 로봇은 네트워크 기반의 이동형 무선 통신을 통해 실시간으로 정보를 공유할 수 있고, 또한 원격 제어는 물론 정해진 경로를 기반으로 자율 주행도 가능하다. 아울러 방위사업청은 2013년부터 국방로봇사업팀을 설치하는 등 본격적으로 '무인 로봇 등을 활용한 신무기체계 기술개발 투자 확대' 정책과제를 수행해오고 있다. 이를 기반으로 우리나라의 국방로봇 기술 수준을 2017년까지 선진국 수준(미국 대비 약 84%)으로 끌어올린다는 계획이다.[54]

결국 관건은 육군이 무인 무기체계를 구축하고자 한다면 정찰용, 전투용, 전투지원용, 작전지속지원용 등 다양한 임무에 적합한 형태(차륜형, 궤도형, 휴머노이드형, 동물형, 곤충형)를 해양 및 공중에서 활용할 수 있는 다양한 대안과 어떻게 역할을 분담하고 조정할 수 있는가 하는 점이 될 것이다. 특히 무인 무기체계 및 지상로봇에도 자체적인 단점이 있다는 점을 유의해야 할 것이다.[55]

---

54 국방부 블로그 http://mnd9090.tistory.com/3759 .

4 │ 육군의 전략적 비대칭성 구축의 원칙

2000년대 초반을 좌우했던 새로운 군사혁신에 대한 무비판적인 수용은 극복되어왔지만, 여전히 과학기술의 급속한 발전을 기반으로 소위 미래전 개념을 중심으로 한 군사혁신의 필요성은 부정하기 힘들다. 특히 북한의 재래식 전력과 비대칭 도발의 위협에 노출되어 있는 한국의 상황은 미국을 비롯한 다른 나라의 군사혁신과 다양한 전략적 고민의 함의를 찾으려는 노력을 할 수밖에 없다. 특히 만약 우리가 북한에 대해 비대칭적 우위를 가지고 있는 자산과 능력을 전략적으로 사용할 수 있다면 이는 전쟁의 방지와 수행비용에 영향을 미칠 수 있을 것이다. 다만 전략적인 맥락에서 유리된 맹목적인 신기술 추구[56]와 중복적인 투자로 인한 자원 낭비를 지양하기 위해서는 몇 가지 고려할 사항이 있을 것이다. 아래에서 크게 네 측면에서 이에 대해 논의한다.

---

55 첫째, 네트워크 통신에 의존하기 때문에 해킹에 취약할 수 있다. 둘째 아직까지 전투원들처럼 기동력을 발휘하기 힘든 부분이 있다. 셋째, 야간 및 악천후에 필요한 레이더는 고가이고 소형 로봇에는 탑재가 힘들다. 넷째, 불량한 기상으로 활동에 제약을 받는 무인 체계가 있다. 다섯째, 여전히 자율성이 부족한 부분이 있다. 이런 단점에 대한 자세한 논의는 나종철, 「미래전 대응을 위한 지상로봇 운용전략에 관한 연구(2)」, 95~96쪽 참조.

56 사실 군사혁신 개념과 관련하여 제기되었던 큰 질문 중의 하나는 과학기술의 발전이 군사전략 더 나아가서 관련 조직 및 전쟁의 양태까지 변화시킨다는 바로 군사혁신 개념자체 집중될 수 있는 것이다. 이런 비판에 따르면 과학기술은 국제 분쟁의 원인도 만병통치약도 아니고, 오히려 권력정치가 더욱 중요하다는 것이다. 이러한 군사혁신에 대한 비판, 더 나아가서 과학기술결정론적 논리에 대한 비판에 대해서는 Keir Lieber, *War and the Engineers: The Primacy of Politics over Technology* (Ithaca, NY: Cornell University Press, 2005) 참조.

4.1 ┃ 억지력의 강화

선제적 방어, 능동적 억지 등의 개념화에도 불구하고 한국의 국가정체성에 부합하는 전략은 불필요한 전쟁을 회피하고 전면전의 발생을 억지하는 것이 될 수밖에 없다. 왜냐하면 현실 국제정치에서 군사력의 사용은 엄격히 제한되고 있기 때문이다. 국제정치에서 군사력 사용에 대한 원칙을 도출하는 데에 중요한 역할을 한 정전론(正戰論; just war theory)에 따르면 군사력의 선제적(preemptive) 사용은 엄격한 조건을 충족시켜야 정당화될 수 있다.[57]

정전론은 국가 이익의 실현을 위해 무력을 사용할 길을 열어놓는 현실주의와 무력행사의 가능성을 원천적으로 배제하고자 하는 평화주의라는 양 극단 사이에 있다고 할 수 있다. 정전론은 현실주의적 주장에 밀려 영향력을 상실하는 듯했으나, 두 차례의 세계대전과 베트남전 등 막대한 파괴와 인명살상의 경험을 통해 다시 전쟁과 관련된 윤리적 논의가 시작되면서 영향력을 회복했다. 부시 독트린조차도 정전론의 개념을 통해 이라크전을 정당화하려고 시도(전쟁이 예방 공격이 아니라 선제 공격임을 역설함)했다는 점에서 정전론이 단순한 일부 학자의 주장이 아님을 확인할 수 있다.

---

57 전통적으로 정전론에서는 군사적으로 즉각적 대응을 하지 않으면 구체적이고 치명적 피해를 입을 것이라는 사실이 분명한 긴박한 경우에 한해 자위권 행사 차원에서 방어의 목적으로 군사력을 선제적으로 사용할 수 있다고 허용할 수 있다고 보는 반면 예방 공격은 정당화될 수 없다고 판단한다. 물론 군사력의 선제적 사용의 조건이 충족되는 경우에도 다른 조건들과 그 실질적 사용에서의 조건들을 충족시켜야 군사력 사용이 정당화될 수 있다고 판단한다. 이러한 정전론의 원칙은 유엔 헌장 51조에 자위권이라는 개념으로 반영되어 있다.

정전론은 '전쟁에 대한 법(jus ad bellum)'으로 여섯 가지 조건, ① 권위가 있는 기관에 의한 전쟁 개시 결정 ② 정당한 이유 ③ 올바른 의도 ④ 평화적인 해결책을 사용한 끝에 취하는 최후의 수단 ⑤ 발생하는 손해와 달성되어야 하는 가치의 균형 ⑥ 승리할 가능성을 정당화의 조건으로 제시한다. 또한 '전쟁에서의 법(jus in bello)'으로는 두 가지 조건, ① 전투원/비전투원의 식별 ② 균형의 원칙(전쟁 목적에 걸맞은 공격 수단의 선택)이 있고, 설령 정당하게 개시된 전쟁이라고 하더라도 정당한 전쟁 수행의 조건에 위배될 때에는 정당화될 수 없다고 주장한다.[58]

이런 관점을 따르면 군사력의 선제적 사용에는 상당한 정치적 비용 또는 부담이 수반될 수밖에 없다. 특히 선제성의 구성에 대해서 비록 부시독트린이 상당한 정도로 완화한 측면이 존재하지만, 한반도에서의 군사력 사용에는 보다 명확한 조건의 충족이 요구될 수 있다. 즉 긴급하고도 위험한 상황에 대응하기 위한 준비와는 별도로 그런 상황이 전개되지 않도록 억지할 수 있는 능력과 준비가 무엇인지에 대해 더욱 고민할 필요가 있다.

4.2 | 실질적 전투력의 강화

아울러, 군사혁신의 방향성을 고려할 때 현시성의 강화만큼 중요한 것은 유사시 전술/전략적 승수 효과가 얼마나 큰 것인가 하는 질문에 대해 대답할 수 있어야 한다는 점이다. 향후에 과학기술 우위에 기반을 둔 군사혁신을 추진한다면, 이는 무선 네트워크 능력의 강화, 군

---

58   고봉준, 「핵전략」, 군사학연구회 편. 『군사사상론』 (서울: 플래닛미디어, 2014).

위성통신 능력의 강화, 관련 인력과 전문성의 강화를 반드시 수반해야 할 것이다.

과학기술의 발전에 따라 위성항법체계(GNS: Global Navigation Satellite System), 관성항법체계(INS: Inertial Navigation System) 등 정밀유도 및 타격기술의 발전에 따라 다양한 타격수단에 의한 장거리 정밀교전이 보편화되고 있으며, 이를 정찰·감시기능 및 지휘통제기능과 연계한 타격복합체계(C4ISR+PGMs)로 운용함으로써 승수효과(Synergy)를 추구하는 것이 미국이 주도하는 혁신의 한 측면인 것이 사실이다.[59] 이런 혁신의 결과로 미국이 수행하는 전쟁은 첨단 정보기술을 바탕으로 감시정찰, 지휘통제, 정밀타격의 융합을 통해 접적, 선형, 근거리 전투개념에서 비접적, 비선형, 원거리 전투로 변화하고 있는 것이다. 또한 미국의 능력은 네트워크, 상호운용성, 유관기관과의 협조체계를 바탕으로 하는 네트워크 중심 작전환경의 다차원 시·공간상에서 제반 능력과 활동을 유기적으로 연동시켜 전력운용의 승수효과를 추구할 수 있는 여건을 갖추고 있다.[60]

이런 정밀타격 능력을 기반으로 한 효과중심작전은 적의 전략적·작전적·전술적 중심에 대한 원거리 정밀타격과 적의 결정적인 취약점을 집중 타격하는 비대칭전 및 병행전을 통해 교란·마비효과를 극대화하고, 적의 전쟁 지속의지를 상실시킴으로써 최소한의 교전으로 전쟁의 조기종결을 추구할 수 있는 능력을 미국에게 부여할 것으로 인식되고 있다.[61]

---

59 노명화 외, 「디지털 전장구현을 위한 정보화 전문인력 육성 방안」, 국방대학교 산학협력단 연구보고서 (2013), 7쪽.

60 같은 글, 9쪽.

61 같은 글, 16~17쪽.

제4장 한국 육군의 비대칭 전력 가능성: 북한에 대한 전략적 비대칭성 구현의 방향 125

한국의 입장에서 유의할 점은 능력 기반의 효과중심작전만을 염두에 둔다면 한반도 유사시 육군의 주요 목적 중의 하나인 점령과 안정화에 취약점을 노정할 가능성이 있다는 것이다. 이는 결국 통일을 염두에 둔 장기적인 국가전략과의 조정을 통해 방향성을 잡아가야 하는 문제로 남을 것이다.

아울러 전력투사력(power projection capability)의 지나친 강조도 경계해야 할 것으로 생각된다. 예를 들어 해군의 대양해군의 건설 추진이라든지, 공군의 작전 반경 확대 노력 등은 만약 궁극적으로 그것이 구현 가능하다면 무방하지만, 한국의 안보에 적합한 군사력의 최적화를 이루는 데에 낭비 요인으로 작용할 소지도 있다고 보인다.

실질적 전투력의 강화라는 측면에서는 사실상 육군이 보유한 전략적 개념의 무기체계의 후보인 공격용 헬리콥터의 노후화와 대체전력 보강의 지체 및 숙련된 조종사의 조기 퇴직 등도 다른 무기체계 도입 및 구축에 앞서 시급히 해결해야 할 문제라고 할 수 있다. 마찬가지로 창끝부대의 전투력 제고를 강조하면서도 야전 전투장비의 개선에 획기적 조치가 취해지지 않는 것처럼 보이는 것도 문제라고 할 수 있다.

이런 관점에서는 개정된 한미 미사일협정의 내용에 주목할 필요가 있을지 모른다. 개정된 지침에 따라 한국이 보유할 수 있는 탄도미사일은 사거리가 현 300km에서 800km로 연장되었고, 탄두 중량도 800km 연장 시에는 500kg의 중량으로 제한되지만, 550km 시에는 1000kg까지, 300km 시에는 1500~2000kg까지 가능하도록 허용된다. 또한 무인 항공기는 탑재 중량이 500kg에서 항속거리가 300km 이하 시에는 중량 무제한, 300km 이상 시에는 2500kg까지 확대되었다. 또한 순항미사일은 사거리 무제한과 중량 500kg에서 사거리 300km 범위에서는 탑재 중량이 무제한으로 확대되도록 변경되었다. 또한 개정 지침 범위를 초과하는 미사일과 무인 항공기의 연구개발에는 별도의 제한이 없는 것으로 정리되었다.

비록 다양성과 양적 수준에서 북한에 상대적으로 열세이지만, 선진적인 기술력으로 탄도미사일 능력을 보강하고 북한이 보유하지 못하는 순항미사일의 능력 신장에 주력하는 것도 실질적으로 억지력, 유사시에는 전투력을 강화하는 방법이 될 수 있다.

4.3ㅣ 3군 합동성 강화

위와 같은 실효성 있는 대안의 확보는 결국 국가 전체적인 전력 균형을 고려한 합동성 강화의 차원에서 진행되어야 한다는 당위성을 지닌다. 즉 육군의 전력 증강은 3군 합동성 구현에 기여해야 하고, 이는 해·공군 전력과 조화를 이뤄 전쟁 승리 능력을 제고해야 한다는 의미이다.

그러나 과연 현 상태에서 각 군의 전문성을 유지한 채로 이와 같은 합동성을 구현할 수 있을 것인지에 대한 의문이 존재한다. 국방개혁 2020안과 그 조정안을 도출하는 과정에서 많은 질문들이 제기된 것이 사실이다. 합동성의 강화라는 개혁은 기존의 관행과 틀을 어느 정도 불식시켜야 성공의 방향으로 진행될 가능성이 있는데, 현재까지의 과정에서 드러난 모습에 대해서는 개혁이 지지부진하다고 평가하는 여론이 우세한 것이 사실이다.

현 시점에서 국방개혁이란 과제는 속도전으로 몰아붙여서 단기적으로 만족할 만한 성과를 낼 수는 없는 성격의 것이고, 그렇게 가서도 되지 않는 극히 중요한 국가적 과제이다. 이런 개혁을 지원해야 하는 연구개발 체제에 대해, 여러 사례를 통해 지나치게 폐쇄적이라는 지적도 제기되어온 것도 사실이다. 군이 비유하자면 아직까지 우리 군이 국방개혁과 합동성 증진이라는 목표를 향해 전력 질주할 준비 운동이 채 되지 않았다고 볼 수 있는 상황이라고 할 수 있다.

따라서 현실적으로 가능하고 필요한 군사혁신과 합동성 증진의 모델을 복합적으로 구상하는 노력이 필요하다고 할 수 있다. 이러한 노력은 국제정치 전반과 동아시아 국제체제 내에서 한국이 처한 위상과 안보 환경을 종합적으로 검토하여 한국의 국가전략에서 군사력이 어떤 역할을 해야 하는지를 명확하게 규정하고, 어떤 필요가 우선적으로 충족되어야 하는지를 정하는 작업이 될 것이다.[62]

현재까지 진행되어 온 우리의 군사혁신의 방향은 미국의 선진적 합동성 개념을 수용하고 있지만, 프랑스의 경우처럼 합동성을 자국의 현실에 맞게 구현하는 수준에는 이르지 못한 것으로 보인다. 그런데 변화하는 안보환경 때문에 우리의 안보를 증진시키기 위해 미국과의 동맹의 견실한 유지 필요성이 증대되는 가운데, 향후 전시작전통제권

---

[62] 천안함 사건 이후에 국방개혁 2020 조정안에서 제시되었던 병력 규모로는 북한의 위협에 제대로 대처하기가 힘들다는 판단에서, 당초 예정되었던 사병 복무 기간 단축 계획을 수정하여 사병 복무 기간을 다시 증가시키는 방안을 검토한 적이 있다. 이러한 논의는 타당성이 완전히 결여되었다고 하기는 힘드나, 사안에 대한 접근 방식에서 보다 창의성을 발휘할 필요도 있다고 본다. 오히려 천안함 사건은 직업군인화로 갈 필요를 방증하는 사건일 수도 있다. 월남전의 여파로 미·소 냉전기에 국방비가 동결된 상태에서도 미국이 소련의 급증하는 국방비에 큰 무리 없이 대응할 수 있었던 것도 동 시기에 지속적인 병력 감축을 통해 오히려 군인 1인당 국방비는 소련의 군인 1인당 국방비를 압도했기 때문이라는 점도 주목할 필요가 있다. 동 기간에 미국은 핵심 군사 자산이었던 전략핵무기의 숫자를 두 배 이상 증가시킬 수 있었다.

의 전환을 앞두고 미군과의 합동성에 대한 압력도 증대되고 있다. 따라서 미국이 주도하는 미래전 개념의 부분적 수용은 불가피한 것으로 판단된다. 하지만 우리의 능력을 구체적으로 파악하여 적합하지 않은 부분이나 능력 외의 것까지 구현하려는 시도는 피하는 것이 바람직하다. 이를 위해서는 미국이나 프랑스의 경우처럼 초당파적 위원회를 구성하여 다시 한 번 합동성의 개념과 중요 요소에 대해 검토하여 추진방향을 결정한 후, 세워진 원칙하에 소신을 가지고 군사혁신을 추진할 수 있는 분위기를 만들어나가야 할 것으로 생각된다.

4.4 │ 현존 위협 및 미래전 대비 능력의 강화

북한의 위협에 노출되어 있고, 주변에 강대국들만이 존재하는 한국의 안보환경에서 현존 위협에 대한 대비와 미래전 대비 능력의 강화는 본질적으로 존재하는 딜레마라고 할 수 있다. 즉 북한 위협에 대응하고 억지하는 것도 중요한 과제이지만, 동시에 미래 주변국과의 군사적 격차 문제에 어떻게 접근할 것인지에 대한 고민, 즉 동북아 강대국과 북한을 동시에 염두에 두어야 하는 한국 국방의 본질적 딜레마는 단순한 논의로 해답을 찾기는 힘든 부분이라고 보아야 한다. 비록 해답을 찾기는 힘들 수 있지만, 그런 노력은 민과 군의 전문가들의 총체적인 협업에 의해 진행되어야 할 것이고, 다음과 같은 질문에 가능한 답을 구하는 방식으로 진행될 필요가 있을 것이다.

- 우리가 확보해야 하는 대북 억지력의 수준은 어느 정도인가?
- 불확실한 미래전을 대비하기 위한 능력 기반의 국방 위주로 갈 것인가?

- 보다 현존하는 위협을 감안한 위협기반 국방기획에 주안점을 둘 것인가?
- 아니면 두 가지 측면을 모두 강조하는 복합적 모델로 가야하는 것인가?
- 만약 복합적 모델로 간다면 어떤 방법이 있는 것인가?
- 과연 그러한 모델을 추진할 때 충분한 예산이 확보될 수 있는가?
- 더 나아가서 과연 우리가 미래전을 수행할 능력과 필요가 있는 것인가?
- 향후에 예상하지 못한 추가적 방위 소요가 출현할 가능성은 없을 것인가?

5 │ 나오는 말

육군의 고민처럼 전략적 환경의 변화와 우발적 변수에 대한 고려들을 구분하여 애초에 목표로 하던 합동성의 강화와는 병렬적으로 보다 효율적으로 북한의 비대칭 위협에 대응하기 위한 방안을 고민하는 복합적 준비 태세를 마련할 필요는 분명히 있다. 또한 이러한 준비는 우리가 북한에 대해 우위를 지닐 수 있는 부분에서의 혁신을 통해야 할 것으로 판단된다.

다만 부연할 점은 먼저 국방개혁을 추진했던 미국과 프랑스의 사례의 함의이다. 미국과 프랑스의 국방개혁의 경우 공통점이 있다. 첫째, 미국과 프랑스의 경우 모두 냉전의 종식에서 파생된 변화하는 안보 환경에 대응하기 위한 종합적인 국방재검토가 진행되었고, 그 과정에서 가용 자원의 최적화 또는 활용 극대화 차원에서 합동성의 개념이 중심적 역할을 했다고 평가할 수 있다. 둘째, 합동성을 중심으로 한 국방개혁의 기본 틀을 마련하는 데 사전 입법화와 민간을 포함하는 폭넓은 전문가의 활용이 전제되었다는 점을 지적할 수 있다. 이는 안보소요에 대한 평가와 장기적 비전을 준비하는 데 보다 총체적인 고려가 필요하다는 점을 의미한다. 셋째, 양국의 경우에 최소한 10여 년 이상의 준비와 과정을 거쳐 현재의 모습에 이르렀다는 점을 고려할 수 있다.

지금까지의 우리의 경험처럼 3군의 균형발전이나 통합전투력의 증대에서 3군의 자군 중심주의가 중요한 저해요인이었다는 데에 의견이 모아진다면, 결과적으로 이런 장애 요인을 극복하기 위한 특단의 대책이 필요할 것이다. 이는 결국 국방문민화에 대한 논의의 시발을 의미할 것이다. 다만 어떤 제도적 장치를 통해 합의를 이끌어낼 수 있는지는 어려운 문제로 남게 될 것이다.

아울러 부연할 점은 국제정치의 현실주의 이론에서 안보와 관련하여 국가들은 가장 선진적인 국가의 개념과 기술을 모방하려는 경향이 존재한다고 설명해왔다는 것이다. 왜냐하면 안보의 경쟁 무대에서 이러한 최신 기술과 군사력의 확보에 뒤처지는 것은 바로 자국 안보에 위협이 되는 것으로 국가들이 인식하기 때문이라는 것이다. 현존하는 최신의 군사안보 상품은 바로 정보화에 기반을 둔 미래전을 위한 합동성의 구현 및 군사혁신이라고 할 수 있다. 그런데 현실주의 이론이 제시하는 중요한 정책적 제언 중 하나는 바로 신중함이라는 것이다. 여기서 신중함이란 세상이 근본적으로 변하고 있다는 성급한 상황판단을 바탕으로 충분히 검증되지 않은 방안에 매몰되어서는 안 된다는 것이다. 결국 평가는 역사적으로 이뤄져야 할 문제일 수 있는 것이다. 유행을 좇는 것이 안전할 수도 있지만, 그것이 자국의 안보를 위한 최선의 길은 아닐 수도 있다는 것이다.

최근 한 연구는 국가가 최신 군사기술과 개념을 수용하는 과정에서 국내적 변수의 영향력이 상당한 정도로 관찰되기도 하며(즉 내부적 변수의 영향으로 수용하지 못하는 경우도 있음), 최신 기술과 개념을 수용하는 경우도 객관적으로 존재하는 위협에 대응하기 위한 것이기보다 위신이나 국제적 규범에의 동참이라는, 즉각적인 군사적 이득이 없는, 이유에서 진행된 경우가 있다는 증거를 제시한 바 있다.[63] 이러한 역사적 경험은 우리에게도 시사점을 줄 수 있을 것이다.

이미 미국은 면밀한 검토를 통해, 이미 진행되고 있던 무기체계의 구축을 연기하거나 취소하는 결정을 내린 바 있다. 예를 들어 미국은 줌월트(Zumwalt)급 대형 스텔스구축함, 육군의 FCS 프로그램, 대형 인공위성, 해병대의 신형 상륙돌격장갑차(EFV: Expeditionary Fighting Vehicle) 등의 구축 계획을 비용과 전략적 환경 변화를 이유로 축소 또는 취소한 바 있다.[64] 이는 세계 최강대국 미국의 경우에도 균형 있는 군사력의 확보와 그 방향성 제시를 위한 장기 전략적 판단과 관련해서 끊임없는 논의를 진행하고 있다는 증거이다.

우리의 경우 현재 미래전을 대비하여 전장 네트워크를 구축하겠다는 기초적인 개념을 가지고 합동성을 구현하고자 하고 있고, 여기에 육군은 자체적으로 북한에 대한 비대칭 전력의 구축을 도모하고 있지만, 우리에게 현실적인 의미를 가지는 미래전과 비대칭 전력의 모습을 보다 구체적으로 전망하고 그에 맞는 전략을 구현해야만 자산

---

63 Emily O. Goldman and Leslie C. Eliason (eds.), *The Diffusion of Military Technology and Ideas* (Stanford, CA: Stanford University Press, 2003).

64 Andrew F. Krepinevich, "The Pentagon's Wasting Assets: The Eroding Foundation of American Power," *Foreign Affairs* (July/August 2009).

의 낭비를 줄일 수 있을 것이다.

왜냐하면 군사력에의 자원 투여는 '총과 버터(guns and butter)' 논의에서 드러나듯이 일정한 기회비용을 수반하는 것이 사실이기 때문이다. 국가마다 이러한 자원동원 능력에 차이가 있을 수밖에 없다.[65]

국가의 국내자원 동원 능력은 일반적으로 국내의 제도 및 기구, 그리고 주요 이해당사자(stakeholder)의 지지 정도에 달려 있다고 볼 수 있다. 예를 들어 19세기 말에 미국이 상대적인 국력의 우위에도 불구하고 적극적인 대외팽창에 나서지 못한 이유는 이를 주도할 행정부의 힘이 의회에 비해 약세였기 때문이라고 할 수 있다.[66] 이렇듯 국가 체제의 성격, 정부기구 간의 역학 관계, 효과적인 대중 설득력 등이 국가의 동원 능력 정도를 결정짓게 된다고 볼 수 있다.

최근에 진행되고 있는 다수의 무기체계 획득 프로그램에 회득 이후에 소요될 수명주기비용과 기타 파생비용이 포함되지 않았다는 지적이 있어왔다.[67] 최근에 추진하는 각종 사업들(킬체인, 공중급유기, 차세대전투기, 아파치헬기, 이지스함, 창끝부대 전투력 강화)의 목표는 주변 강국과

---

65 국내자원동원능력에 대한 논의는 신고전현실주의 이론가들의 토론을 참고할 것. 대표적인 글로는 Steven E. Lobell, Norrin M. Ripsman, and Jeffrey W. Taliaferro (eds.), *Neoclassical Realism, the State, and Foreign Policy.* (Cambridge: Cambridge University Press, 2009) 참조.

66 Fareed Zakaria, *From Wealth to Power: The Unusual Origins of America's World Role* (Princeton, NJ: Princeton University Press, 1998).

67 금년 발표된 국방중기계획에는 소총 예산이 반영되지 않았다는 비판적 지적이 있다. 비판의 핵심은 노후화와 후속 무기 개발이라는 측면을 고려하면 230만정의 비축량을 확보했다고 단순히 치부하기보다는 자주국방을 실현한 소총의 보급과 개발에 대한 중장기적인 관점이 필요하다는 것이다. "군 소총 예산 5년간 0원.. K계열 소총의 사라진 미래," SBS 뉴스 (2016년 4월 12일). http://news.sbs.co.kr/news/endPage.do?news_id=N1003519693 .

의 불필요한 군사력경쟁을 피하고, 한반도 안보상황을 우리가 주도적으로 안정적으로 관리하고, 북한이 비대칭 전력으로 도발할 경우 철저히 억지함과 동시에 강대국 분쟁에 끌려가지 않도록 스스로 방어할 수 있는 억지력을 확보하는 것일 수 있다. 여기에서 핵심은 시장경제의 원칙과 자원의 배분, 공약의 추진 가능성에 대한 검토, 그리고 어떤 전투자산이 우리 안보에 진정 필요한 것인가의 평가에 대한 질문이 될 것이다. 이에 대해 완전한 합의는 불가능하겠지만, 우리의 한정된 자산과 결코 호전되지 않는 안보환경을 고려할 때, 위의 질문에 대한 체계적 재검토는 관련 전문가들의 의무라고 할 수 있을 것이다.

비롯한 우리 군의 대응방안 마련이 난항을 겪고 있다. 첫째, 지리적 취약성은 여전히 계속되고 있다. 우리는 지난 60년간 지리적 취약성을 안고 살아왔다. DMZ로부터 수십 km 내에 경제·정치 역량의 핵심인 수도 서울이 위치한 것이다. 북한은 우리의 지리적 취약성을 활용, 장사정 포 및 다련장 로켓을 비롯한 화력전력을 배치, 수도권 타격을 위협하고 있으며, 대규모 전력을 전방배치함으로써 수도권 무력석권 위협을 지속하고 있다. 둘째, 남북 간 경제력 격차 심화로 인해 우리의 전쟁 결심에 대한 부담이 커졌다. 2015년 IMF 추산 한국의 GDP는 1조 1315억 달러로 세계 11위에 해당한다. 반면 북한의 연평균 GDP 추정치는 170억 달러로 세계 101위에 해당한다. 한국에 비해 약 80분의 1에 해당하는 경제력을 가지고 있다고 할 수 있다. 우리는 북한에 비해 지켜야 할 소중한 자산이 너무나 많아졌다. 달리 말해 북한의 각종 도발에 대한 우리의 취약성이 높아진 것이다. 셋째, 북한의 군사도발에 대한 취약성은 늘어가는 가운데 우리의 대응 노력에 일부 장애물이 있다는 것도 문제이다. 우선 국제적 경기 침체 및 경제발전 둔화로 미래를 대비하기 위한 국방예산의 확대가 어려운 상황이며, 여기에 더하여 국가예산 배분 재조정이 어려워진 국내 정치환경도 전력강화 방안의 추진을 어렵게 만들고 있다.[5] 넷째, 방위력 유지의 기본 요건인 병력 충원에서도 어려움에 직면하고 있다. 1997년 경제위기 이후의 출산율 급감은 약 20년이 지난 현재 다양한 유형의 병역자원 문제를 야기하고 있다.

---

5 2016년 국가예산에서 가장 많은 비중을 차지하는 것은 바로 복지예산이다. 국방력 강화를 위한 재원마련을 위해 각 부문별 예산 조정을 생각해볼 수 있으나, 예산 부문 재조정(복지예산 삭감)의 정치적 파장을 우려하는 정치권이나 정부의 입장으로 인해 이의 과정이 쉽지 않은 실정이다.

종합적으로 말하면, 우리가 처한 21세기 전장 환경은 '북한으로부터의 치명적이고 다양한 위협'에 대해 '대체 불가할 정도로 소중하게 된 우리 국민의 생명 및 자산'이 노출된 상황이다. 이에 대비하기 위한 국내적 여건은 그리 우호적이지 않은데, 고도화·다양화된 북한 군사위협을 '제한된 투입(병력 및 예산)'으로 극복해야 한다. 아울러 육군은 ① 북한의 도발 억지, ② 주요자산과 국민의 생명 보호, ③ 북한 군사 위협의 궁극적 소멸 및 ④ 통일 기반 조성 등 양적, 질적으로 증대된 군사임무를 수행해야 하는 상황이다. 다시 말해, 육군은 기존 대비 보다 적은 병력 및 예산을 가지고 보다 많은 일을 해야 하는 'Doing More with Less'의 상황에 처해 있다고 할 수 있다.

급증하는 북한의 군사위협과 점증하는 국방자원 감소에 대응키 위해, 박근혜 행정부는 '창조국방'을 추진하였다. 창조국방은 그간의 전력개선 및 국방혁신보다 혁신적인 내용을 담고 있으며, 도약적 혁신을 통한 대북 역비대칭 달성을 주요한 목표로 한다. 하지만 일각에서는 신기술의 외형적인 것에만 주목하여 창조적 혁신의 본질을 놓치거나 검증되지 않은 기술에 대한 성급한 도입을 경계하는 목소리를 내고 있다.[6] 이러한 비판의 핵심은 검증되지 않은 기술 도입이다. 도약적 혁신 그 자체는 기존 대비 현격한 수준의 혁신을 추구하는 만큼 실패의 리스크가 크므로 객관적 검증을 통한 도입 타당성 분석이 전제되어야 한다는 것이다. 결국 새로운 기술 도입은 필수적으로 검증이 되어야 한다는 것을 의미한다.

---

6   한희, 「창조국방을 추진하며 무엇을 경계해야 하나」, ≪군사저널≫ (2015.3.31), http://www.gunsa.co.kr/bbs/board.php?bo_table=B12&wr_id=158 (검색일: 2016.2.4); 최종복, "창조국방, 정책적 - 전략적 혼란 초래할 수 있어," ≪아주경제≫ (2015.9.10).

이에 본인은 새로운 기술의 도입에서 전투실험의 중요성을 강조하려 한다. 전투실험은 전제된 과학적 실험을 통한 우수한 검증 능력과 객관적 평가결과 제출을 주요 장점으로 하고 있다. 이러한 전투실험은 고도의 기술혁신에서 실패 가능성을 줄이고, 비용을 절감하며, 비리 및 주관적 판단 개입을 방지할 수 있는 객관적 판단기준을 제시한다. 이러한 전투실험의 본질과 특성에 주목하면서 본 발표문은 전투실험의 지원을 통한 전투발전의 기반 조성 방안을 모색해볼 것이다.

1.2 | 기존 연구 동향

한국에서의 전투실험 연구는 2000년대 초반부터 본격화되었다. 당시 주류를 이루었던 연구의 주제는 전투실험 활성화를 위한 모의분석체계 발전,[7] 전투실험 육성 및 발전 정책[8]으로 전투실험 체계의 구축을 위한 전산기반 및 전투실험의 육성을 위한 방안 마련이 주요한 논의 사항이었다.[9]

---

7   장기룡 외, 「모의분석을 통한 전투실험 발전방향」, ≪군사평론≫, 제362호 (2003); 장상철·정상윤, 「전투실험 활성화를 위한 모의분석체계 발전방안」, ≪국방정책연구≫, 제58호. (2002).

8   한국전략문제연구소, 『한국적 전투실험 육성 및 발전정책』(서울: 한국전략문제연구소, 2002).

9   이 외의 관련 연구로는 한국전략문제연구소, 『디지털 시대 전투실험과 군사기술 발전방향』(서울: 한국전략문제연구소, 2000); 한국전략문제연구소 편. 『미래 지상군의 주요전력시스템과 전투실험 방안』(서울: 한국전략문제연구소, 2002); 박형규, 「한국군의 전투실험(Warfighting Experiment) 체계 정립방안 연구」, 한남대학교 행정정책대학원 석사학위논문 (2002); 최상철, 「美 육군의 전투실험과 우리 軍의 과제」. ≪국방저널≫, 제318호 (2000); 문형곤 외, 『육군 전투실험 기술지원 2001』(서울: 한국국방연구원, 2001); 문형곤 외, 『육군 전

이후 2005~2010년의 연구에서는 전투기능별 전투실험 방안 및 전투실험 방법 모색에 대한 연구가 진행되는데, 당시 대표적 연구 주제로는 군 구조개혁 추진 시 전투실험 활용,[10] 부대 재설계를 위한 전투실험 방안[11]을 들 수 있다. 2010년 이후, 전투실험의 신뢰성 강화[12] 및 전투실험 방법론에 대한 연구[13] 등 전투실험의 질적 향상을 도모하는 연구들이 나오면서 전투실험의 활성화에도 관심을 기울이는 분위기가 조성되었다. 하지만 전투실험의 발전방향을 연구한 사례는 드물며, 이와 관련하여 주목할 만한 연구는 창조국방 구현을 위한 전투실험 방안을 연구한 한희의 연구[14]를 들 수 있다.

여기서 한희는 전례 없는 혁신을 추진하는 데 군이 경계해야 할 사항[15]과 이에 필요한 전투실험의 발전방향을 제시한 내용을 주목할

투실험 기술지원 2004』(서울: 한국국방연구원, 2004); 문형곤 외, 『육군 전투실험 모형 운용 사업. 2002』(서울: 한국국방연구원, 2002); 문형곤 외, 『육군 전투실험 모형 운용 사업. 2003』(서울: 한국국방연구원, 2003) 참조.

10 한국전략문제연구소, 『(2007 전투실험 세미나) 육군 군 구조개혁 지원을 위한 전투실험』(서울: 한국전략문제연구소, 2007).

11 한국전략문제연구소, 『부대 재설계를 위한 전투실험 방안』(서울: 한국전략문제연구소, 2002).

12 박양, 「육군의 전투실험 신뢰성 향상 방안: 워게임 전투실험을 중심으로」. ≪圓光軍事論壇≫, 제9호(2014).

13 육군교육사령부, 21세기군사연구소 편, 『미래보병여단 전투실험기법 연구: 2013 육군 전투실험발전 세미나』(서울: 21세기군사연구소, 2013); 한국전략문제연구소, 『미래보병사단 전투실험 방법 연구: 2014 육군 전투실험발전 세미나』(서울: 한국전략문제연구소, 2015).

14 한희, 「창조국방 구현을 위한 전투실험의 역할 연구」, 한국전략문제연구소 편, 『2016 전투실험 발전 연구』(서울: 한국전략문제연구소, 2016).

15 한희는 창조국방을 구현하는 데 군이 경계해야 할 사항으로 ① 성과물 산출에 대한 조급성, ② 신기술의 국방분야에의 투사가 창조국방이라 생각하는 오류,

만하다. 특히 한 박사는 전투실험 발전 방향을 제시하면서, 육군 내 전투발전 구심점 구축의 중요성을 강조하였는데, 이를 위한 조직 개편안으로 전투발전사령부의 설치(1안) 및 교육사령부 내 개념발전부 설치(2안) 방안을 검토한 바 있다.[16]

2 | 군사혁신의 관건: 검증된 혁신과 전투실험의 중요성

3.1 | 군사혁신 구현의 어려움과 검증된 혁신 추진의 필요성

고도화·다양화되어가는 북한의 위협과 북한 군사위협에 대한 우리의 취약성 증대에 대해 국방부는 기존과 다른 획기적인 전력강화방안을 마련키로 했다. 국방부는 2015년 1월 대통령 업무보고를 통해 우리의 대응방안으로 '창조국방'을 제시하고 이를 구체화하기 위한 세부방안을 추진하였다. 업무보고에서 국방부는 레이저 병기와 같은 신개념 군사기술과 기술 및 지식을 융합, 대북 군사대응능력에 획기적 전환을 도모할 것임을 천명했다.

표 5-1은 2015년 대통령 업무보고 당시 국방부에서 제시한 내용을 정리한 것이다. 창조국방은 '군사력 운용 혁신,' '창조형 군사력 건설,' '효과지향적 국방경영,' 및 '창조국방 기반 조성'을 핵심내용으로 한다. 북한의 복합다층적 위협을 감안할 때 가장 눈에 들어오는 것은

---

③ 단기적 해법과 산물에대한 지나친 집중과 본질적 문제해결 외면, ④ 새로운 업무체계의 창출이 아닌 기존 업무체계 개선을 중심으로 한 창조국방 업무 환경 조성 등을 들었다. 같은 책, 262~263쪽.

16 같은 책, 279~281쪽.

표 5-1
2015년 주요 추진과제

중점	추진과제
군사력 운용 혁신	유비쿼터스하 전 전장 동시 통합전략 발전
	가상 전장상황 묘사 기반의 전술훈련 체계구축
창조형 군사력 건설	북합임무 무인 수상정 기술개발
	레이저빔 신무기 개발
효과 지향적 국방경영	3D 프린터 활용 부품 생산체계 구축사업 추진
창조국방 기반 조성	ICT와 3D 프린터 기술을 활용한 창조상상센터 운용
	병영생활 빅데이터 분석 및 사고예측체계구축
	육군 훈련소 스마트 훈련병 관리 체계
	비행 훈련 빅데이터를 활용한 전술갭라 지원체계 구축

자료: 신대원, "〈통일시대 업무보고〉 사물인터넷 기반의 창조국방 적용 똑똑한 미래 軍," ≪헤럴드 경제≫(2015.1.18).

창조형 군사력 건설과 창조국방의 기반 조성이다. 우선 창조형 군사력 건설의 경우, 유비쿼터스 전장환경에 적합한 군사력 설계 및 건설을 추진하며, 무엇보다 '적보다 도약적 우위의 달성을 통한 역비대칭 확보'를 핵심내용으로 한다. 창조국방 기반조성의 경우, '병영문화 혁신을 통한 장병들의 창조역량강화'와 '국방 ICT 기반체계 변혁'을 담고 있다.

　이러한 군사혁신에 대한 논의는 21세기 기술 발전에 대한 인식에서 출발한다. 20세기의 기술은 "어떻게 만드는가"가 중요했다. 신기술의 노하우(knowhow)를 보유하고 있는가 아닌가에 따라 기술의 우위가 결정되는 구조였다. 하지만 21세기는 기술적 측면에서 20세기와는 다른 상황에 직면해 있다. 기술의 상향 평준화로 인해 어떻게 만드는가의 문제는 많은 부분 해결이 된 상태이다. 이러한 상황에서는 "무엇을 만드는가"가 훨씬 중요한 위치를 차지하게 된다. 과거와 달리 기술이 정교한가에서 우위가 결정되는 것이 아니라 어떠한 개념의 기술을 획득하는가가 중요하게 되었다. 전 세계적인 과학기술의 성숙도로 인해 인간이 상상을 하면 그 기술을 구현하는 것을 어렵지 않게 된 것이다.

기술혁신에 관해, 한희는 과거 어떤 기술보다도 생각을 가장 빠르고 싸게 구현해주는 정보기술의 속성은 기술 자체가 아니라 생각의 경쟁으로 세상을 바꿔놓은 지 이미 오래되었다고 한다. 한 교수는 토플러를 비롯한 많은 미래학자들이 언급한 바와 같이 우리가 상상의 시대에 진입했으며, 이러한 상상의 시대에서 기술은 과거의 성실한 반복이 아닌 상상의 차별에 의해 획득될 수 있다고 주장한 바 있다.[17]

이와 같은 주장은 구현하려는 군사기술에서도 적용된다. 과거와 달리 21세기에는 군사기술에서 상상 혹은 개념이 중요하게 되었다. 기술의 성숙도로 인해 민간부문의 기술을 활용, 이전보다 손쉽게 군사기술을 획득할 수 있게 되었다. 경쟁적 상대방에 대한 기술의 우위는 이제는 무슨 기술을 활용할 것인가에 있게 되었으며, 결국 전장에서 활용되는 군사기술도 어떠한 개념의 기술을 만들어내거나 활용할 것인가가 승패를 좌우하게 된 것이다. 결국 이러한 기술 환경은 미래 전투발전에 어떠한 개념의 전투발전 요소를 끌어낼 것인가가 중요하게 부각되고 그 어느 때보다 창조적인 개념발전이 중요하게 된 것이라 볼 수 있다.

문제는 신개념의 창조 과정에 어려움이 따른다는 것이다. 과거에 없던 새로운 개념을 창조하는 것은 실패의 리스크도 클 수밖에 없다. 미래에 대한 상상(아이디어)은 일종의 미래에 대한 예측으로 경험적인 것이 아닌 선험적인 것이다. 이러한 미래의 목표는 달성가능성과 관련하여 다음과 같이 네 가지로 나눌 수 있다. 첫째, 달성가능성이 가

---

17   한희, 「창조국방 구현을 위한 전투실험의 역할 연구」, 253~254쪽.

장 높은 예상, 두 번째로 달성가능성이 높은 상상, 세 번째로 달성가능성이 어려운 공상, 마지막으로 전혀 달성할 수 없는 망상이다. 혁신을 구현하기 위한 아이디어를 제시하고 이를 구현할 때 우리가 유의해야 할 것은 과연 상대방을 압도하는 기술의 획득을 달성할 수 있는가에 대한 것이다. 예상 수준의 혁신을 추구하면 달성가능성은 높지만 상대방을 압도하는 기술의 획득을 구현하기 어려워진다. 반면, 망상 수준의 혁신을 추구하면 달성가능성은 요원해지고 이를 획득하는 과정에서 엄청난 예산의 낭비가 초래될 수밖에 없다. 따라서 미래에 도래할 가능성이 높으면서도 혁신도가 강한 상상 수준의 혁신을 통해 전투발전 개념을 정립할 필요가 있으며, 군사혁신을 구현하기 위한 아이디어는 망상인지 아닌지에 대한 검증을 통해 선별될 필요가 있다. 여기서 바로 전투실험의 중요성이 강조된다. 전투실험은 선험적인 아이디어 및 미래에 대한 검증수단으로 제시된 아이디어의 달성가능성과 전장에의 적합 여부를 엄밀한 과학적 방법을 통해 객관적으로 평가해줄 수 있는 수단이다. 따라서 '도약적 우위의 달성'을 위해서는 군사조직이 추진과정에서 기술을 검증하고 관리해야 한다. 혁신의 정도가 높은 만큼 실패에 대한 리스크도 크기 때문이다. 게다가 국방분야의 실패는 민간부문과 달리 성패가 우리의 생존을 결정하는 사안이 되기 때문에 실패가 용납되지 않는다.

또한 혁신을 추진했는데도 다가올 전쟁에서의 승리를 하지 못하는 이른바 '이름뿐인 혁신'도 미연에 방지해야 한다. 우리는 전간기 프랑스의 사례를 통해 이름뿐이었던 혁신의 위험성을 목격한 바 있다. 1930년대 프랑스는 당시 서구열강 중 가장 많은 국방혁신을 추진한 국가였다. 제1차 세계대전의 경험을 통해 견고한 방어요새의 개념을 제시하고 이를 추진, 마지노선이라는 최강의 방어전력을 구축했다.

하지만 제2차 세계대전이 발발하고 독일의 프랑스 침공이 개시되자 프랑스의 군사혁신을 대표했던 마지노선은 그 어떤 기능도 수행되지 못했고 이를 구축하기 위해 천문학적 비용을 지불한 프랑스는 패망하고 말았다. 1930년대 프랑스의 혁신은 비현실적인 망상으로 전락해버린 것이다. 이렇듯 검증되지 않은 국방혁신의 맹목적 추진은 비용의 낭비뿐만 아니라 국가의 생존 자체를 위협할 만큼 위험한 것이다.[18]

따라서 체계적이고 효과적인 추진과정의 관리가 필요하다. 창조적 아이디어가 '망상'이나 '공상'이 아닌 장차전 승리의 결정적 방안이 될 수 있도록 개념정립~소요제기에 이르는 기획과정에 객관적이고 엄밀한 검증을 기반으로 한 '혁신추진의 관리'가 필요하다. 그렇다면 이는 어떻게 접근해야 하는가? 이후의 내용을 통해 논의해보도록 하자.

3.2 | 혁신 및 전투발전의 지원수단으로서의 전투실험

쿠퍼(Mathew Cooper)는 "새로운 무기는 언제나 새로운 전투방식을 가져왔다. 신기술의 진보를 미리 사전에 예측하고 신무기가 전투에 미치는 효과를 파악, 상대보다 먼저 획득하는 것은 성공을 위한 필수조건"이라 주장하면서 획득 및 전투발전 관련 의사결정에서 전투실험의 지원이 갖는 중요성을 강조한 바 있다.[19] 그렇다면 전투실험은 어떠한 특성이 있기에 전투발전의 주요한 지원수단이 되는 것일까? 정

---

18 1930년대 프랑스의 분석과 검증없는 혁신이 갖는 위험성을 비판한 대표연구로는 Stephen Biddle, "The Past as Prologue: Assessing Theories of Future Warfare," *Security Studies*, Vol.8, No.1 (1998), pp. 1~74 참조.

19 Mathew Cooper, *The German Army 1933-1945: The Political and Military Failures* (New York: Scarborough House, 1978), p. 37.

리해보면 다음과 같다.

첫째, 전투실험이 갖는 강점은 미래를 검증하는 과학적 수단이라는 것이다. 전투발전은 현재 및 장차전에서 전투 개념을 설정하고, 이를 구현하기 위하여 교리, 무기 체계, 구조 및 편성, 교육훈련, 무기/장비/물자, 인적 자원, 시설 등에 대한 연구 발전을 통하여 현존 전력을 향상시키고 장차 전력을 개발하는 과정을 말한다. 문제는 선험적인 미래 전투발전요소를 어떻게 식별해낼 것인가 하는 문제이다. 인간은 인지능력에 한계가 있기 때문에 경험하지 못한 선험적인 영역의 의사결정에는 한계가 있다. 이러한 한계는 실험이라는 검증수단을 통해 극복할 수 있다. 실험은 '선험적 개념 혹은 가정을 경험적으로 검증'할 수 있는 장점이 있다. 이로 인해 전투실험이 가지는 전투발전 지원의 잠재력은 상당히 크다고 할 수 있는데, 전투실험은 선험적인 미래를 검증하는 수단으로 활용 미래 전투발전요소 도출과 관련한 의사결정을 보다 용이하게 해준다.

둘째, 전투실험은 신개념의 교리를 개발하는 전투발전의 건설적 도구로 활용될 수 있다. 독일의 전격전 교리 개발 당시, 독일의 전차의 성능은 화력 및 방호력에서 경쟁상대인 영국 및 프랑스에 뒤쳐져 있었다. 하지만 이러한 성능의 열세는 전투실험을 통한 전술 및 교리 개발에 의해 극복되었으며, 실제 전장에서는 승리의 결정적 요인으로 나타나게 되었다.[20] 다시 말해 전투실험은 기(旣)개발 및 개발 중인 무기를 활용하는 다양한 방안을 모색하는 데도 활용될 수 있음을 의미한다. 즉 하드웨어적인 군사기술로서의 무기체계뿐만 아니라 소프트

---

20 이와 관련한 연구로는 Karl-Heinz Frieser, *The Blitzkrieg Legend: The 1940 Campaign in the West* (Annapolis, MD: Naval Institute Press, 2013) 참조.

제2부 한국 육군과 미래 전쟁

웨어적인 군사기술로서의 전술의 개발 및 적용에도 활용될 수 있어 변화하는 전투환경에 부합하는 다양한 전술개발을 촉진할 수 있다.

셋째, 획득과정의 투명성을 제고하고 객관적으로 명백한 평가의 기준을 제시, 방산비리가 개입할 여지를 차단하는 데 도움을 줄 수 있다. 앞서 전투실험의 핵심적 특성 중 하나는 과학성이다. 이 과학성의 핵심은 엄밀성인데, 엄밀성은 현상의 원인과 결과 간의 정확한 관계 규명을 의미한다. 따라서 전투실험은 전투발전요소의 전장적합성(승리요인 유무)에 대한 정확한 평가를 가능케 하고 정확한 평가는 선입관이나 주관적 판단의 개입의 여지를 없애주게 된다. 따라서 전투실험을 포함한 객관적 평가자료가 획득사업 추진에 적극 활용되게 해야 할 필요가 있다. 외부의 압력으로부터 자유로운 객관적 실험평가 환경조성도 필수적이다.[21]

넷째, 전투실험은 군에 대한 국민의 신뢰를 제고할 수 있는 방안이기도 하다. 전투실험은 군사혁신 추진과정에서 제기될 수 있는 국민들의 질문에 대한 객관적이고 확실한 답변을 가능케 한다. 각종 전력사업들이 그 어느 때보다도 과감한 혁신의 내용을 담고 있기에 일부 국민과 언론은 실현가능성에 대한 의혹을 제기할 수 있고 이에 대한 신뢰성 있는 답변이 없을 경우, 혁신안의 추진은 시작부터 난항을 거듭하게 될 것이다. 이러한 관점에서 전투실험은 불필요한 의혹과 논란을 잠재울 가장 확실한 대안이다. 전투실험이 가지고 있는 객관적 검증능력을 통해 혁신추진상 발생할 수 있는 각종 의혹에 대한 신

---

21 이와 관련 외부로 부터의 압력 및 실험 조작에 의한 왜곡이 발생하는 것을 방지하는 제도적 노력도 수반되어야 한다. 일각에서 전투실험을 비롯한 실험 평가 조직의 독립을 주장하는 것은 이러한 배경이 깔려 있다고 할 수 있다.

뢰성 있는 답변을 제시한다면, 전력화 사업에 대한 국민적 지지를 확보할 수 있으며, 군에 대한 국민의 신뢰도는 더욱 높아질 것이다.

이렇듯 전투실험은 선험적 미래의 검증을 통한 전투발전 지원, 신개념의 교리창출, 획득과정의 투명성 제고, 군에 대한 국민의 신뢰도 제고 방안으로서의 기능을 수행할 수 있다. 이러한 전투실험의 장점에도 불구하고, 육군이 전투실험을 적극 활용하는 데 많은 어려움이 있다. 전투실험의 활용과 관련한 애로사항에는 어떠한 것이 있을까? 다음 장의 내용을 통해 살펴보기로 하겠다.

3 | 전투발전을 위한 전투실험 역량 강화의 필요성과 육군의 애로사항

21세기 안보 변화에 대응키 위한 전투실험이 강화될 필요가 있음에도 검증된 혁신을 구현하기 위한 전투실험 역량은 다소간 부족한 상황이다. 육군 스스로가 전투실험의 중요성에 대한 인식 공감대를 형성하고 있음에도 전투실험의 활성화를 위한 역량은 아직까지 부족하다고 할 수 있으며 이로 인해 전투실험 활성화에 애로를 겪고 있다. 구체적으로 살펴보면 다음과 같다.

첫째, 전문적인 전투실험장이 부재하다는 것이다. 전투실험은 모의 실험과 기술시범 및 전문가 경험, 그리고 연구분석을 통해 이루어질 수 있는데, 지상군에서 가장 중요한 실험 방법은 모의 실험이고 이중 실기 동 모의는 실제 병력과 장비를 직접 운용하면서 실험을 전개한다는 특성으로 인해 신개념 및 기술의 전장 부합성을 평가하는 데 중요한 과정으로 인식되고 있다. 현재 육군이 전투실험을 위해 활용할 수 있는 대표적 실험 장소는 육군 과학화전투훈련단(KCTC)인데,[22] 과학화전투훈련단은 다음의 두 가지 이유에서 전투훈련을 시행하기에 한계가 있다. 첫째, 과학화전투훈련단의 업무 부담이다. 지난 2012년 부터 여단급 과학화 전투 훈련 체계 구축사업을 추진, 각 부대에 2년에 1회 정도의 과학화 전투기회를 부여할 수 있도록 개선되었지만[23] 이들에게 전투실험 수행을 부여할 경우, 업무가 늘어나 과학화전투훈련단 운용에 차질을 빚게 된다. 둘째, 전투실험을 수행할 과학화전투훈련단 내 부대조직이 전투실험을 수행하는 데 한계가 있는 것도 문제이다. 과학화전투훈련단 내 부대는 대항군의 역할을 전문적으로 수행토록 되어 있어 미래 우리 군의 기술을 실험하기 위해서는 추가적인 교육이 필요하게 된다. 또한 이들을 전투실험상 대항군으로 활용한다고 하더라도 우리 군의 역할을 수행할 미래부대는 추가적으로 필요하게 된다. 따라서 전문 전투실험장의 확보는 전투실험을 수행할 전문 전투실험부대의 창설과 병행하여 고려해야 한다.

둘째, 전투실험 관련 부서의 업무가 일부 중첩된다는 것이다. 유사업무 부서의 존재는 관련 업무에 관한 대조검토(cross check)를 가능케 하여 부서 간 상호 환류를 할 수 있는 긍정적인 측면이 있지만, 관료주의적 행태 및 자부서 우선주의에 의한 갈등과 업무상 혼란(특히 관할 분쟁)이 발생하는 부정적 측면도 존재한다. 또한 유사업무 부서의

---

22 박진우·김능진·강성진·서혁, 「타당성 평가가 보완된 모델 운용상의 전투실험 모의분석 절차 연구」, ≪한국시뮬레이션학회 논문지≫, 제19권 제4호(2010), 78쪽.

23 김대영, 「실제전장환경, 육군과학화전투훈련단」, ≪유용원의 군사세계≫(2015. 7.29), http://bemil.chosun.com/site/data/html_dir/2015/07/29/2015072902400. html(검색일: 2016.4.5).

전투실험 및 평가 결과가 지나치게 상이할 경우, 의사결정 혹은 업무 추진이 지연되는 문제도 발생한다. 따라서 전투실험 관련 업무 분장을 명확히 하고 가급적 중복되는 영역이 없도록 조정할 필요가 있다. 특정부서에 업무를 통합하는 방안도 검토할 수 있는데, 어느 부서가 전담할 것인가에 대한 판단기준은 물론 관련 업무에 대한 전문성이 되어야 할 것이다.

셋째, 과학적 실험 설계 및 분석평가를 전담할 전문요원이 부족하다는 것이다. 전투실험이 과학적 검증을 통해 군사혁신의 구현을 지원하는 수단으로 자리매김하려면, 잘 짜여진 실험설계와 엄격한 통제(여기서의 통제는 전투발전요소의 효과가 명확하게 나타나도록 외부변수를 제거하는 것을 말한다)에 의해 수행된 실험과정 그리고 정확한 분석을 기반으로 한 평가가 필요하다. 이를 위해선 전투실험에 부합하는 실험설계 전문가와 실험통제관, 그리고 통계기법 등을 활용한 전문 평가요원이 필수적이다. 하지만 이러한 요원들을 현 교육사령부 내에서 보완하기는 어려운 실정이다. 하지만 전문요원 확보는 전투실험의 과학성과 엄밀성을 보장하는 주요한 부분으로 이에 대한 보완이 필요하다고 할 것이다.

마지막으로 가장 중요한 애로사항은 전투실험의 적용범위와 시기에 대해 다양한 의견이 표출되어 이에 대한 육군 나름의 원칙 정립이 필요하다는 것이다. 과거 전투실험은 획득과정에서 거쳐야 되는 절차의 일환으로 인식되거나 소요제기를 위한 의사결정의 지원 수단으로 인식되어 활용범위 및 시기가 제한되었다. 하지만 육군 스스로가 전투실험의 중요성에 대한 인식을 하면서부터 전투실험에 대한 적용 범위와 시기에 대한 논란이 가중되고 있다고 하겠다. 전투실험 업무체계는 군사혁신 구현의 기반이라는 점을 유념하면서 정립방안을

제2부 한국 육군과 미래 전쟁

마련할 필요가 있다.

4 ｜ 전투실험 강화를 위한 방안

4.1 ｜ 전투실험의 적용 범위 및 시기의 결정

앞서 언급한 바와 같이, 육군에게 전투실험과 관련한 가장 중요한 이슈는 전투실험의 적용 범위 및 시기의 결정이다. 이와 관련『미래전』의 저자인 바넷(Jeffrey R. Barnett)의 전투실험과 관련한 주장을 생각해볼 필요가 있다. 바넷은 전투실험이 다음과 같은 5개 부문에서 전투발전에 기여할 수 있다고 한다.

첫째, 획득에서 요구되는 시간, 자원, 위험성을 감소시키며, 획득하고자 하는 무기체계의 질적 수준을 향상시키기도 한다, 모의 환경에서의 실험은 획득과정의 여러 세부단계와 새로운 무기체계의 실험을 지원할 수 있기 때문이다.

둘째, 무기체계가 개발 중인 단계에서도 도입할 무기체계와 관련한 교리를 개발할 수 있게 해준다. 관련 담당관들은 특정 무기체계가 실전에 배치되기 이전부터 신기술이 다양한 군사작전의 상황에서 어떻게 활용될 수 있는지를 연구할 수 있기 때문이다.

셋째, 지휘관들이 대안적인 기획, 교리 및 전술들을 개발할 수 있게 한다. 전투실험은 전구 차원에서의 전역기획, 작전적 수준에서의 전투계획, 전술적 수준에서의 임무계획 등의 효과성에 대한 검증을 해줌으로써 의사결정자들의 의사결정을 지원해줄 수 있다. 의사결정자들은 전투실험을 통해 (가상으로 설정된) 여러 대안들의 결과를 (경험적

실험결과에 의해) 평가할 수 있다.

넷째, 전투요원과 군사기획관들이 임무수행에 대한 사전 예행연
습을 할 수 있도록 해준다. 전투실험은 실제 전장에서 예상되는 지형,
환경적 조건 및 위험 등을 부여한 상태에서 실행될 수 있으며 실험 참
가자들이 실제 전장상황을 체험하면서 미래의 대안을 모색하게 해준
다. 이러한 장점은 가상적으로 상정한 미래의 전투발전계획에 대한
환류기능을 수행해주며, 이를 통해 개선점을 발견토록 해준다.

다섯째, 컴퓨터 모의 환경을 통한 전투실험의 경우, 물리적 공간
상의 제약을 극복하면서 미래 전투 발전을 위한 실험을 가능하게 한
다. 컴퓨터에서 구현된 가상의 공간에서 실제 공간에서는 수행이 어
려울 정도의 대규모 전투부대의 교전 — 예를 들어 개발중인 무기체계를 장
비한 현역, 예비군을 포함한 다양한 제대가 가상적을 상대로 한 전투 — 상황을 구
현할 수 있다. 이는 물리적 공간의 제약으로 인해 실제 전투가 어려운
사단 혹은 군단급 이상의 전투실험을 할 경우, 실기동 실험을 대체함
으로써 대규모 제대가 참가하는 전투실험의 애로사항을 극복하게 해
준다.[24]

전투실험의 적용범위 및 시기와 관련, 바넷의 주장이 주는 함의
는 전투실험의 적용 범위 및 시기가 소요단계에서의 의사결정 지원에
국한되지 않는다는 것이다. 바넷은 전투실험을 개발 도중인 무기의
성능개선을 위해 활용될 수 있으며, 현재 개발 과정에 있는 무기체계
와 관련한 교리 개발에도 활용할 수 있다고 주장한다. 특히 모의 환경
에서의 전투실험(가상 시뮬레이션)은 획득단계상 여러 세부단계에서 지
원이 가능하다고 밝혔는데, 바넷의 경우 연구개발단계에서의 전투실

24　제프리 바넷, 홍성표 옮김, 『미래전』(서울: 연경문화사, 2000), 46~47쪽.

152　　　　　　　　　　　　　제2부 한국 육군과 미래 전쟁

그림 5-2
획득절차와 전투실험의 활용영역 탐색

험 적용을 강조하였다.

바넷의 주장에서 얻게 되는 함의는 획득단계상 기존의 소요제기 단계 이외의 어떠한 곳에 어떠한 목적으로 전투실험을 활용할 수 있는가에 대한 아이디어를 제공한다는 것이다.

그림 5-2는 획득절차상 전투실험 적용 가능 영역을 단순 도식화한 것이다. 기존 개념의 전투실험은 소요제기 제기~결정 단계에서 의사결정을 지원하는 성격이 강한데(비전/개념 요구능력~소요결정 사이의 '↑'을 참조), 바넷의 주장을 참고하면 전투실험을 연구개발 단계(검은색 사각형) 내에 포함하는 것을 검토할 수 있을 것이다. 연구개발 단계 내에서의 전투실험 수행은 1회성이 아닌 지속적 반복이 중요한데, 미군의 경우, 나선형 개발단계를 도입, '제작 - 실험 - 수정 - 실험 - 배치'를 지속적으로 반복하고 있다.[25] 또한 연구단계에서의 반복적인 실험과 수정은 바넷의 주장대로 현재 개발 중인 무기 및 교리의 성능 및 효과 개선에 도움을 줄 수 있을 뿐만 아니라 의사결정단계에서 미처 생각하지 못했던 새로운 활용방안을 모색하는 데도 도움을 주게 되어 실전 배치 이전에 획득한 무기와 관련한 다양한 교리개발이 병행될 수

---

25 USACOM, "Joint Experimentation Campaign Plan 2000," September 30 (1999), p. 3.

있을 것이다.

또한 연구개발단계에서 전투실험을 적용할 경우 신개념 기술시범(ACTD; Advanced Concept Technology Demonstration) 추진과정에서 발생하는 문제를 해결할 수도 있다. ACTD 사업에 잠재되어 있는 문제 중의 하나는 기술시범을 통한 가용성 검토가 진행됨에도 사업 추진의 타당성이 입증되지 못할 수도 있다는 것이다. 또한 ACTD 사업은 개발 종료 후 시험평가는 있으나 개념개발단계의 전투실험 과정이 빠져있어 전장에서의 활용가능성이 엄밀하게 검증되지 못하는 문제가 발생할 수도 있다. ACTD 사업은 추진과정에서 연구개발단계를 거치게 되어 있는바, 이 단계에서 전투실험을 통한 검증 및 환류가 이루어지면 앞서 언급한 검증 및 타당성 검토가 보완될 수 있다고 판단한다. 아울러 ACTD 사업에 전투실험 적용은 ACTD 주관 부서와 전투실험 주관부서 간의 협력 활성화에도 기여를 할 것으로 기대한다.

아울러 전투실험은 전력화 이후에도 교리 발전을 위해 지속적으로 활용될 필요가 있다. 바넷이 주장한 바와 같이 전투실험은 기존 혹은 개발 중인 무기의 새로운 활용방법을 창출해내는 도구로 활용할 수 있다. 만약 전투실험이 교리 및 전술발전도구로 활성화될 경우, 군은 가장 효율적인 도약을 달성할 수 있다. 새로운 장비 혹은 무기의 개발 없이 싸우는 방법을 바꿈으로써 미래전에서의 승리를 보장할 수 있다면 무기 개발에 대한 비용을 절감할 수 있을 것이다. 이러한 측면에서 전술 및 교리개발을 위한 전투실험의 활용은 권장해야 할 것이며, 교리개발을 위해 수시로 전투실험을 활용할 수 있는 방안을 마련할 필요가 있다.

전투발전과 관련한 적용 범위 및 시기 결정에서 지양해야 하는 것은 기존의 획득단계 절차라는 제도에 집착하여 전투실험이 주는 이점을 살리지 못하는 것이다. 기존의 제도에서 규정한 전투실험의 개념에서 벗어나지 못하거나 전투실험의 다양한 활용도 중 일부에만 국한해서 전투실험을 활용하는 것은 전투실험이 가져올 수 있는 잠재적 활용범위를 놓치게 되는 문제를 발생시킬 수 있다. 군사적 측면에서 도약적 우위를 확보하기 위해서는 발상의 전환이 필요하다. 물론 이 발상의 전환은 미래 전투발전이라는 목적을 두고 이루어져야 한다. 따라서 전투실험의 적용 범위 및 시기 결정은 전투발전이라는 목적을 전제하여 보다 유연한 자세로 검토해볼 필요가 있다.

4.2 | 전투실험 역량 제고 및 전투실험 관련 업무의 체계화

앞서 언급한 바와 같이 전투실험과 관련한 어려움 가운데 하나는 전투실험 활성화를 위한 기반이 취약하다는 것이다. 특히 전문적 전투실험장과 전문 전투실험 부대의 확보는 절실하다. 전문적 전투실험장 확보는 다음과 같은 이점을 줄 것이다. 첫째, KCTC의 업무부담을 줄이고 본연의 업무인 과학화 훈련을 보다 내실 있게 수행할 수 있도록 한다. 둘째, 독자적 전문 전투실험장이 마련됨으로써 기능별로 산재된 병과교 위주의 전투실험을 합동전투실험의 형태로 진행할 수 있게 해준다. 이러한 합동전투실험은 관련 부서 간 협업체계구축과 시너지 증대에도 도움을 줄 수 있다. 셋째, 전투실험장 및 전투실험부대의 보유로 인해 병과교의 전투실험업무를 전투실험장으로 이관, 관련 업무의 통합효과도 기대할 수 있을 것으로 보인다. 아울러 전투실험 관련업무의 정비 및 체계화도 필요하다. 앞서 지적한 육군 내 전투실험 관련, 유사업무를 수행하는 조직들의 통합도 신중하게 검토할 필요가 있다. 유사업무 수행 조직을 통합해야 하는 이유는 각기 상이한 평가결과 도출로 인해 관련업무상 혼란이 발생할 수 있기 때문이다.

또한 전투실험의 전문성확보를 위한 분석 평가요원 확보도 이루어져야 한다. 전투실험 설계의 경우, 연구 방법론 및 실험설계에 정통한 관련 분야 박사급 인원이 필요하며, 분석 평가요원의 경우 시뮬레이션 분석 및 통계분석에 정통한 박사급 인원이 필요할 것이다. 가장 이상적인 방안은 위탁교육 등을 통해 육군 자체 내에서 육성하는 방법이나 이 경우 최소 6~7년 정도가 소요된다는 문제점이 있다. 자체육성의 어려움을 극복하기 위한 다른 대안은 관련 분야의 박사학위자를 군무원으로 채용하거나 관련 업무 자체를 전문성을 가진 민간 연구기관에 위탁하는 방법이 있다. 하지만 이 대안들도 그 나름의 문제점이 있다는 것을 유념해야 한다. 박사급 전문 연구 인력의 군무원 채용은 처우와 관련하여 예산상의 부담으로 작용할 수 있으며, 민간연구기관에의 위탁은 보안에 취약하다는 문제를 안고 있다. 따라서 현재 시급한 시험 설계 및 전문 분석 업무는 보안유지가 보장될 수 있는 민간연구기관을 선발, 이들에게 위탁하는 방안을 추진하면서 중장기적으로는 현역 분석평가요원을 육성, 배치하는 데 중점을 둘 필요가 있다. 아울러 민간 전문 인력의 군무원 채용은 장기 채용이 아닌 임시 혹은 계약직 임용으로 하여, 현역 분석평가요원 배치 지연에 대한 대비책으로 활용할 수 있을 것이다.

4.3 ᅵ 관련 규정의 보완을 통한 전투실험의 활용도 제고

창조적 아이디어의 검증수단으로서의 전투실험의 활용도 제고를 위해 생각할 수 있는 또 하나의 방안은 관련 규정의 정비를 들 수 있다. 현행 국방업무발전규정 제27조는 "중기전력을 소요 요청할 때에는 과학적이고 합리적인 소요검증을 위해 비용 대 효과분석, 전투실험 및 특정연구 결과 등을 첨부하는 것을 원칙으로 하고, 장기전력 소요 요청 시에는 필요시 첨부하여 제출한다"고 규정하고 있다. 동 규정이 갖는 문제점은 전투실험결과를 포함한 검증 평가자료의 첨부를 원칙으로 하면 예외가 발생하고 필요시 첨부를 요구하게 되면 임의적 혹은 자의적 누락의 빌미를 제공하게 된다는 것이다. 전투실험은 과학적 검증 및 객관적 평가결과를 통해 의사결정에 명확한 판단의 기준을 제시하여 방산비리를 막는 기능을 수행할 수 있다. 하지만 전투실험의 방산비리 근절 기능이 활성화되기 위해서는 획득 과정에서 전투실험 결과 제출이 예외를 수반하거나 임의적 누락을 허용해선 안된다. 따라서 앞서 언급한 관련 규정 내용은 전투실험 결과 제출의 의무화로 개정할 것을 검토할 필요가 있다. 또한 위와 같은 규정의 개정과는 별도로 국방부장관 훈령을 통해 획득절차상 전투실험 결과를 의무화하는 제도적 보완도 고려해볼 수 있을 것이다.

4.4 | 외국의 전투실험 사례에 대한 신중한 접근

전투실험 체계 구축 초기, 우리 육군이 가장 많이 참조했던 군대는 미군이었다. 미군은 세계에서 가장 우수한 전투실험 역량 및 풍부한 경험을 보유하고 있다. 이러한 이유로 미군의 전투실험 조직 및 사례는 가장 이상적인 모델로 인식되고 있다. 문제는 군사혁신 및 전투발전을 바라보는 현 미군의 시각과 우리 군의 시각이 다르다는 데 있다.

2016~2017년 현재 미군은 현실적이고 점진적인 혁신을 추구한다. 이는 2000년대 초반 도약적 혁신을 통한 전투발전에 대한 한계인식에서 비롯되었다. 도약적 혁신을 통해 획득한 군사기술이 미군이

참전한 전장에서 큰 효과를 발휘하지 못했으며, 관련 예산의 낭비를 초래했다는 인식이 확산되기 시작했다. 이에 미군은 전투발전에 대한 인식재고를 통해 도약적 혁신보다는 실현가능한 점진적인 혁신을 추구하게 되었다.

이러한 미군의 혁신에 대한 입장은 우리 군과는 사뭇 다르다. 현재 한국은 북한에 대한 역비대칭을 확보하기 위해 도약적 혁신방안을 추진하고 있다. 따라서 현 미군과 한국군의 전투발전 및 전투실험에 대한 입장도 다를 수밖에 없다. 따라서 미국 사례의 한국에 대한 적용 가능성 검토는 신중하게 접근할 필요가 있다.

하지만 일부의 해외 전투실험 사례는 전투실험 활성화 및 조직 운영과 관련한 다양한 운영방안을 제시한다. 예를 들면 아웃소싱을 통한 전투실험 요원 확보를 들 수 있다. 독일의 경우 과학화 훈련장 운영을 라인메탈사에 위임하고 있는데, 현행 KCTC의 운영을 민간에게 위탁하고 이로 인해 절감된 인원을 전투실험 역량 강화에 활용하거나 전문 전투실험장 및 전문 전투실험부대 편성 시 아웃소싱을 활용하는 방안도 검토가 가능할 것이다.[26]

명심해야 할 것은 도약적 혁신 자체는 그 혁신의 정도가 큰 만큼 외국의 사례에 의존한 혁신안 도출이 의미가 없을 수 있다는 것이다. 즉 우리의 혁신안은 이전의 선례가 없는 우리 한국 육군만의 창조물이 될 수 있기 때문이다. 외국의 사례를 참고하는 것은 국방 업무를 수행하는 데 일부 도움을 줄 수는 있다. 하지만 외국 사례에 대한 지

---

[26] 미국은 군사훈련 및 330개 대학의 ROTC 운영까지도 MPRI와 같은 군사대행기업에 위탁하여 운영하고 있다. 또한 2011년 한국국방연구원은 KCTC의 아웃소싱 방안을 일부 내용으로 하는 민간자원 활용방안을 검토한 바 있다. 한국국방연구원, 「민간자원 활용과 일자리 창출방안」 (2011.12).

나친 의존은 사고의 틀을 제약하여 우리 육군 내 잠재한 창의성을 저하시킬 수 있다는 점을 기억해야 할 것이다.

5 ｜ 결론을 대신하여

이상과 같이 본인은 2016년 현재 한국군의 도약적 혁신의 검증 수단으로서 전투실험의 중요성을 강조하고 전투실험이 갖고 있는 미래에 대한 검증능력과 과학성이 주는 장점을 살린 전투실험의 활성화 방안들을 검토해보았다. 본 연구에서는 전투실험이 가진 특성을 선험적 미래를 과학적으로 검증해내는 능력에 주목하였으며, 아울러 전투실험이 가진 신(新)교리 및 전술 창출기능을 활용, 전투실험의 적용 시기 및 범위를 검토하고 전투실험과 관련한 육군의 애로사항을 극복할 수 있는 방안을 모색해보았다.

너무나 당연한 이야기지만, 국방에서 도약적 혁신은 발상의 전환과 풍부한 아이디어를 생산할 수 있는 업무환경을 필요로 한다. 역설적으로 들릴지 모르나, 이를 구현하기 위해서는 실패를 반복할 수 있는 혁신업무환경이 조성되어야 한다. 이는 궁극적인 성공으로서의 혁신을 달성하기 위해 과감하게 아이디어를 내놓을 수 있는 업무환경을 조성하라는 의미이다. 반복적 실패를 통해 궁극적인 성공을 도모하는 업무환경은 실패를 원인을 찾고 개선을 할 수 있는 기반이 마련될 때 가능하다. 그러므로 혁신업무의 중심에는 과학적 검증과 환류가 위치해야 한다. 전투실험이 강조되는 이유는 여기에 있으며, 전투실험과 같은 혁신의 검증 기반이 마련되지 않은 상태에서의 혁신업무는 실패만을 반복하게 될 수 있음을 명심해야 할 것이다.

미　래
전 쟁 과
육 군 력

이 연구의 시초는 '미래'와 '전쟁'에 대한 질문이었다. 제2회 육군력 포럼의 대주제는 '미래 전쟁과 육군력'이었으며, 이러한 질문에 대해서 총 다섯 편의 논문이 발표되었다. 여기서 '미래를 어떻게 예측할 수 있는가'의 문제와 '한국 육군은 미래 전쟁을 어떻게 준비해왔는가'의 문제, 두 가지 사안을 다루었다. 그렇다면 육군력 포럼에서 논의된 사항은 어떻게 정리할 수 있는가? 그리고 앞으로 어떠한 부분에 연구를 집중해야 하는가?

이 연구는 민간 학자들에 의해서 이루어졌다. 따라서 전쟁을 수행하는 과정에서 나타나는 작전과 전술적 측면에 대한 논의보다는 전쟁의 성격을 결정하는 정치적 환경 및 정책 결정과정에 대한 논의에 집중하였다. 이러한 결정은 민간 부분이 비교우위를 유지하고 있는 부분을 강조하며 동시에 지금까지의 안보연구에서 크게 주목되지 않았던 부분을 강조하려는 것이다. 이러한 측면에서 다음과 같은 사항이 부각된다.

I. 군사력과 정치 환경의 중요성

우선 첫 번째로 강조될 수 있는 사항은 미래의 정치환경에 대한 부분이다. 전쟁은 그 자체로는 무의미하며, 정치적 목표를 달성하기 위한 수단이다. 때문에 미래 전쟁은 미래 세계의 정치적 환경의 영향을 받으며, 그리한 환경에서 개별 국가가 추구하게 되는 정치적 목표를 달성하기 위한 수단으로 작용한다. 이와 같은 정치적 제약조건은 한반도 및 동아시아에서 더욱 강력하게 나타난다. 2016~2017년 시점에서 점차 본격화되고 있는 미국과 중국의 대립구도는 한반도 및 동아시아에서 군사력이 사용되는 기본 구조를 결정한다. 그렇기 때문에 이러한 G2 양극체제가 한반도 및 동아시아에서 발생할 수 있는 무력충돌에 미치는 영향을 예측하는 것이 중요하다. 냉전 기간 미국과 소련은 양극체제에서 전쟁의 지리적 국지화와 사용 무기의 제한 등을 통해 무력충돌을 국지화하려고 시도하였고 동시에 성공하였다. 그렇다면 이러한 성공의 비결은 무엇이며, 냉전 기간의 성공은 미래 세계에서도 재현될 수 있는가? 그리고 재현된다면, 이것이 한반도 및 동아시아에 미치는 영향은 무엇인가?

두 번째 사항은 우리 한국이 현재 직면하고 있는 군사적 주적인 북한에 대한 이해이다. 현재 상황에서 한국이 수행하게 될 미래 전쟁은 북한과의 전쟁이다. 이러한 전쟁 자체는 피해야 하겠지만, 우리가 양보할 수 없는 희생을 요구하거나 전쟁을 강요당하는 경우에 한국은 물러서지 않을 것이며 정치적 민주주의와 생존을 위해 싸울 것이다. 그렇다면 북한의 군사력은 전장에서 어느 정도로 효율적으로 행동할 것인가? 현재 우리가 북한 군사력에 대해 알고 있는 것은 매우 제한된다. 하지만 북한 정치체제에 대해서는 상대적으로 많은 정보를 가지고 있다. 북한은 독재국가이며, 특히 김정은은 북한과 북한군을 폭력적으로 장악하였다. 하지만 이와 같은 '장악'은 북한 주민과 북한군이 김정은을 '정당성을 가진 지도자(legitimate leader)'로 인정하였다는 것을 의미하지는 않는다. 즉 비민주주의 국가 북한은 정치체제의 결함 때문에 내부적 도전 가능성이 상존하며, 이것은 북한의 전장 효율성에 엄청난 장애요인으로 작용할 수 있다.

이러한 가능성은 전쟁을 정치적 목표를 달성하기 위한 수단으로 보는 클라우제비츠의 시각에 대한 전통적인 해석이 가지는 한계를 보여준다. 즉 전쟁은 정치적 목표를 달성하기 위한 수단이지만, 군(軍)은 전쟁만을 수행하기 위한 수단은 아니다. 군은 정치권력에게는 상당한 위협으로 다가올 수 있으며, 따라서 모든 정치 지도자들은 군을 경계한다. "권력은 총구에서 나온다"는 마오쩌둥(毛澤東)의 주장은 이와 같은 문제의 핵심을 정확하게 포착하였다.

그렇다면 우리는 이러한 북한 체제의 문제점을 어떻게 이용할 수 있는가? 앞에서 제시된 탈매지(Caitlin Talmadge)의 분석은 북한 정치체제가 북한 군사력의 전장 효율성을 약화시킬 가능성을 강조하였다. 이러한 분석을 완전히 신뢰하고 북한 군사력을 지나치게 평가 절하해서는 안 된다. 하지만 우리는 북한 군사력을 완벽하게 결함이 없는 것을 볼 필요는 없다. 오히려 이러한 분석에서 제시된 북한 군사력의 약점이 실제로 존재하는지 파악하고, 만약 존재한다면 이것을 극대화하여 이용할 방법을 모색해야 한다.

II. 미래 전쟁과 한국 육군

앞에서 강조한 정치환경을 고려할 때, 미래 전쟁에 대해서 한국 육군은 어떻게 준비해야 하는가? 여기에서는 크게 세 가지 사항이 있을 수 있다. 첫째, 지금까지 진행되었던 국방개혁 등을 평가하면서 이수형은 한국의 '독자적 군사전략 개념'의 필요성을 강조한다. 이것은 한국 나름대로의 군사전략 논리를 창출해야 한다는 것이 아니라 한국이 직면하는 전략환경을 정확하게 이해하고 이를 독자적으로 분석해야 한다는 주장이다. 즉, 조직으로서 한국 육군은 단기적으로 조직이 직면한 현안에만 집중하고 당면한 사안들을 처리하는 데 집중해야 하지만, 동시에 조직 전체의 발전과 안보 유지를 위해 장기적인 추세를 예측하고 대비해야 한다. 이러한 예측과 대비는 육군의 발전을 위해서는 필수 불가결한 요소이다.

둘째, 고봉준은 한국 육군의 비대칭 전력의 필요성과 가능성을 검토하면서, 합동성 강화라는 방향을 제시하지만 동시에 전략적 신중함을 강조한다. 즉 전략환경에 대한 성급한 상황판단을 자제하고 충분히 검증되지 않은 방안에 매몰되어서는 안 된다는 주장이다. 물론 이러한 신중함이 미래 전쟁을 준비하는 행동 자체를 거부하거나 혁신을 포기하는 명분이 되어서는 안 된다. 하지만 변화와 혁신은 그 자체로 의미를 가지는 것은 아니다. 모든 부분에서 변화와 혁신은 궁극적인 목표가 있으며, 군사 부분에서의 변화와 혁신은 당연히 보유 군사력의 증가와 이를 통한 안전보장이라는 목표를 위한 수단이다. 하지만 이러한 평범한 진리는 현실에서는 쉽게 잊혀가며, 내부 타협 과정에서 자원배분의 왜곡과 비효율성으로 이어진다. 그렇기 때문에 전략상황을 보다 명확하게 평가하고 이에 적절한 수준에서 자원을 투입하여 혁신을 추구하고 보다 체계적인 방식으로 미래 전쟁에 대비해야 한다.

셋째, 전략상황의 예측과 함께 중요한 사항은 미래 군사기술에 대한 평가이다. 앞에서도 강조하였던 것과 같이, 전쟁에서 우리가 상대해야 하는 적(敵)은 우리의 행동에 반응하지 않는 무생물이 아니라 우리의 공격을 피하고 우리를 역습하려고 하는 생명체이다. 따라서 전쟁에서 핵심적인 사항은 우리가 가지고 있는 기술적 능력 그 자체가 아니라, 이러한 기술적 능력을 사용할 수 있는 우리 자신의 능력과 우리의 능력에 대응하는 적국의 대응 능력의 역동성과 역동적으로 변화하는 균형이다. 그렇기 때문에 우리는 우리가 사용할 군사기술을 끊임없이 실험하고 평가하는 것이 중요하다.

군사혁신은 혁신 그 자체를 위한 것이 아니며, 동시에 혁신을 하는 과정에서는 많은 자원이 소모되며 상당한 전략적 위험에 노출된다. 하지만 이러한 위험은 혁신 과정에서 불가피하며, 혁신의 성과는 이와 같이 위험을 수용하였기 때문에 얻을 수 있는 결과물이다. 그렇기 때문에 우리는 군사혁신 과정에서 불가피하게 나타나는 위험과 불확실성을 줄여야 하며, 이장욱은 불확실성 감소를 위한 해결책으로 전투실험의 필요성을 강조한다. 군사혁신에 대한 많은 논의가 새로운 아이디어와 발상의 전환을 강조하지만, 현실에서 이러한 것은 실현하기 어렵다. 동시에 군사조직은 구성원이 사망하는 경우에도 작동할 수 있도록 경직적으로 구성되어 있으며 동시에 이러한 경직성은 군사조직의 가장 큰 장점이다. 따라서 경직적이고 경직적이어야 하는 군사조직의 속성 때문에 새로운 아이디어와 발상의 전환을 필요로 하는 혁신은 쉽지 않을 수 있다. 하지만 군사혁신 과정에서 전투실험을 강화하고 이를 통해 혁신 과정에서 등장하는 불확실성과 위험을 통제하고 감소시키는 것은 혁신의 성과를 강화하는 데 큰 도움이 될 것이다.

III. 미래 전쟁과 한국

미래를 예측하는 것은 쉽지 않다. 특히 미래 전쟁을 예측하는 것은 매우 어렵다. 전반적인 정치환경을 예측하거나 이를 기반으로 하여 한국의 '독자적인 군사전략 개념'을 고안하고 한국의 현실에 적합한 합동성 개념을 추구해야 한다. 북한이라는 상대방의 정치적 특성과 이러한 특성에서 도출되는 군사적 한계를 파악하고 이것을 이용하기 위해 노력해야 한다.

이와 같은 과제는 우리 한국이라는 국가에게는 그리고 한국 육군이라는 군사조직에게는 쉽지 않은 도전이다. 하지만 이러한 도전을 회피할 방법은 없으며, 회피해서도 안 된다. 이것은 우리 한국의 정치적 운명과 민주주의 국가로서의 생존 문제이다. 쉽지 않고 회피할 수도 회피해서도 안 되는 도전이기 때문에, 우리는 신중하게 행동해야 하며 우리가 가진 모든 역량을 투입해야 한다.

서론에서 인용하였던 클레망소의 발언을 결론에서 다시 인용하고 강조하는 것이 필요하다. "전쟁은 너무나도 중요하기 때문에 군인들에게만 맡겨둘 수 없다." 그렇다. 미래 전쟁은 군인에게만 맡길 수 없다. 같은 이유에서 전문성이 부족하며 정치적 고려를 우선시하는 민간 정치인에게만 맡길 수도 없다. 이러한 측면에서 민군 협력은 필수적이다. 각자는 자신들에게 부족한 부분을 보충해야 하며, 서로를 존중하면서 협력해야 한다. 이것은 민주주의 국가의 운명이자 장점이며, 한국이 미래 전쟁에 대비하는 유일한 방법이다.

미　래
전　쟁　과
육　군　력

기조연설

군사혁신: 미래를 위한 개념적 접근

마틴 반 크레벨드 *Martin van Creveld*

해설

인류 역사에서 전쟁은 끊이지 않았고, 미래에서도 전쟁은 계속될 것이다. 모든 군사조직은 미재 전쟁을 준비하기 위해서는 많은 노력을 기울였으며, 자신들이 가지고 있는 군사력을 혁신적으로 발전시키려고 시도하였다. 그렇다면 군사혁신은 어떻게 가능한가? 그리고 군사혁신을 통해 군사력의 변화와 발전이 가능하기 위해서는 어떠한 조치가 필요한가? 기조연설자인 이스라엘 히브리 대학의 반 크레벨드 교수는 군사혁신을 개념적 차원에서 접근하였다.

반 크레벨드는 혁신의 중요성을 강조한다. 현실에서는 모든 것이 변화기 때문에, 변화에 적응하고 뒤떨어지지 않으려면 혁신은 불가피하다.

하지만 혁신 자체를 체계적으로 이해하는 것은 불가능에 가깝다. 특히 혁신은 영감에서 출발하며, 이러한 영감은 창조성과 결부되기 때문에 측정할 수 없고 이것을 촉진하는 것도 쉽지 않다.

특히 군사혁신은 군 조직의 특성 때문에 쉽지 않다. 모든 군사조직은 경직적이며, 이러한 경직성과 공고함은 군사조직이 가지는 최고의 장점이다. 군사조직은 조직원이 전사하는 경우에도 작동하도록 구성되어 있으며, 경직적이지 않고 공고하지 못한 군사조직은 일부 구성원이 전사하는 경우에 붕괴하며 때문에 전쟁터에서 소멸한다. 그렇기 때문에 군사혁신은 모순적인 측면이 있다. 군사조직이 가진 최고의 장점인 '경직성'은 새로운 것을 만들어내고 새로운 것을 조직에 편입시키고 융합시켜서 새로운 군사력을 만들어내는 데 필요한 '유연성'과 충돌한다. 그렇기 때문에 군사혁신은 쉽지 않다. 하지만 군사혁신은 필요하다. 이것을 적절하게 조화시키는 방법을 찾아내는 것은 한국 학자와 전략가들의 임무일 것이다. 기조연설에서 반 크레벨드가 던지는 핵심 화두(話頭)가 바로 이러한 질문이다.

이 글은 '혁신(innovation)'에 대한 일반적인 맥락에서, 그리고 군사적 맥락에서의 기초적인 몇몇 아이디어들을 제안하는 것을 목표로 한다. 이를 위해 이 글은 핵심질문들에 답하기 위한 여러 부분으로 이루어져 있다. 1장에서는 혁신의 개념에 대해 논하며, 2장에서는 혁신이 왜 중요한가에 대한 질문에 답한다. 이어 3장에서는 혁신의 기원에 대해, 4장에서는 혁신에 필요한 전제조건들을 다룬다. 5장에서는 혁신의 지속과 발전에 초점을 맞춘다. 그리고 이후 부분에서는 군사적인 맥락에서의 혁신을 논한다. 6장에서는 군사적 혁신의 특징에 대해 다룬 후, 7장에서는 군사혁신에 가해지는 장애물과 왜 군사혁신이 위험한지에 대해 설명한다. 마지막 8장에서는 앞의 논의들을 요약한다.

1 │ 혁신이란 무엇인가?

새로움을 뜻하는 라틴어 novus에서 비롯된 혁신(innovation)을 고려할 때, 대부분의 사람들은 그리스 신화에서 아테나 여신이 완벽히 무장한 채로 제우스 신의 이마에서 태어난 것처럼, 전에는 존재하지 않았던(ex novo) 새롭게 만들어진 무언가를 생각한다. 이러한 생각은 이해할 수는 있지만 잘못된 이미지이다. 현실에서 증기기관이나 DNA의 이중 나선 구조, 그리고 인터넷과 같이 가장 위대하고 창조적이었던 혁신들조차도 대부분 앞선 조건이나 선례 없이는 불가능했다. 이러한 혁신들은 특정 배경에 맞서 발전되었으며, 특정 원천들에서 생성되었다. 이러한 배경과 원천들을 규명하는 것은 한 사람의 역사학자로서 저자가 안고 있는 과업이라 할 수 있다. 심지어 어떤 이들은 우리 모두 사회 안에서 성장하며, 따라서 사회의 지대한 영향 아래 있다고 주장한다. 따라서 특정 배경에 맞서 발전되지 않고, 또한 특정 원천들에서 생성되지 않는 혁신은 불가능하다. 하지만 이는 철학에 관련된 질문이라 할 수 있으며, 이 글에서 더는 다루지 않는다.

이 세상에서 완전히 새로운 것이 없다면, 혁신이란 과연 무엇을 의미하는가? 이 질문에 대한 간단한 답을 제시하고자 한다. 군사적 혁신이든지, 민간의 혁신이든지, 기존의 '어떤' 것을 분해하고, 구성요소들을 분리하고, 그 이후 전혀 다른 방식으로 재조립하는 것으로 이루어져 있다. 그리고 이전의 것보다 더 나은 것을 만들어내게 된다.

종종 이러한 혁신은 의문시되는 요소를 덧붙이거나, 어딘가 다른 부분에서 요소를 삭제하는 방식으로 이루어진다. 자동차는 이를 보여주는 탁월한 실례이다. 1890년대 최초의 자동차가 나타났을 때, 마차는 이미 수백 년간 존재해왔다. 기존의 마차에서 말을 묶어놨던 채를 제거하고, 말 대신 니콜라스 오토(Nicolas Otto)가 개발한 것과 같은 내연기관을 덧붙였다(이러한 내연기관은 외연기관에서 개발, 개량된 것이지만, 이는 글과는 다른 이야기이다). 앞 차축 중심 회전방식을 계속 유지함과 동시에 이러한 방식은 작은 보트에서 쓰이던 틸러(tiller)를 본떠서 만들어져, 축을 중심으로 회전하게 만드는 핸들과 함께 이루어졌다. 물론 마차 외형도 그대로였으며, 처음에는 마부석도 그대로였다. 그 결과는 무엇이었을까? '말 없는 마차(horseless carriage)'라는 용어는 사람들이 여러 요소들이 새롭게 재조립되었다는 것을 인식하기 전, 그리고 이를 위해 '자동차(automobile, car)'라고 하는 새로운 단어를 만들어내기 전까지 수년간 유지되었다.

혁신의 이러한 특별한 사례는 기술 분야에서 가져온 것이다. 그리고 혁신을 고려할 때, 대부분의 사람들은 거의 매일 다양한 새로운 개발기술들을 즉각적으로 떠올리곤 한다. 이러한 편견들을 이해할 수 있지만, 동시에 이러한 편견에 저항할 필요가 있다. 기술 혁신은 많은 분야 중 하나일 뿐만 아니라, 다른 분야에서의 혁신을 수반하고, 실제로 감싸질 때, 그 완전한 효과를 얻을 수 있다. 가장 유명한 군사혁신의 사례인 잘 알려진 군사혁신의 예인 탱크를 예로 들어보면, 자동차와 마찬가지로 탱크 역시 기존에 존재했던 여러 요소들을 재조합한 결과물이라 할 수 있다. 그러한 요소들에는 내연기관, 궤도(원래는 농기계를 위해 고안되었던), 대포, 장갑함들이 있다. 하지만 이러한 기계들은 그 자신만으로는 충분치 않았다. 여기에 필요했던 것은 이들을 이용할 새로운 교리와 일들을 보급하고 유지할 새로운 조직, 그리고 이들을 지휘할 새로운 방법 등이었다. 그렇지만 이러한 교리와 조직들에게 탱크는 쓸모없었다. 매우 느리게 움직일 수 있었던 강철 상자에 지나지 않았던 탱크는 그 부대원들이 운이 좋다면 고장 나기만을 기다리거나, 그렇지 않은 경우 하나하나 파괴되곤 했다.

백문이 불여일견(百聞不如一見)이란 말이 있다. 1940년 당시 프랑스는 독일보다 더 많은 탱크를 보유하고 있었으며, 프랑스가 보유했던 대부분의 탱크들은 독일의 탱크보다 더 크고 강력했다. 그렇지만 작전 중 이들을 이용할 적절한 방법을 고안해내지 못하면서, 프랑스 기갑부대는 패배했다. 프랑스 군의 다른 부대들이 그러했듯이.

2 │ 혁신이 왜 중요한가?

혁신의 중요성에 대해 기본적으로 두 가지 이유가 있다. 첫째, 군(軍)과 시민사회에 모두 공통적으로, 원하든 원하지 않든 간에, 모든 것은 계속해서 변화한다. 고대 그리스 철학자 헤라클레이토스(Heraclites)가 말했듯이, "아무도 같은 강물에 발을 두 번 담글 수 없다". 변화는 빠르거나, 혹은 느리거나 그 속도에 상관없이 인간사에 고유한 것이다. 아마도 그렇기에 17세기 프랑스 철학자 파스칼도 다음과 같이 이야기하였다. "인간의 모든 고통은 혼자 조용히 집에 있을 수 없기 때문에 생긴다." 실지로는 왜 혁신이 필요한가 하면 변화에 대처하고, 그리고 그 변화에 압도당하는 것을 막기 위해서라 할 수 있다.

헤라클레이토스의 비유를 좀 더 발전시켜본다면, 사회생활은 빠르게 흐르는 강에 비유할 수 있다. 문제는, "누가 통제하는가?" "시류에 저항하려고 할 것인가?" 그러한 경우에는 휩쓸리거나 가라앉을 수 있다. 기진맥진한 채 아무도 살아남지 못할지도 모른다. "시류에 따라 갈 것인가?" 이는 앞의 상황보다는 조금 낫다. 약간의 행운이 따른다면 목숨을 건질 수 있을 것이다. 하지만 여전히 위험하다. 빠르게 흐르는 급류는 바위나 소용돌이, 그리고 피라냐가 기다리고 있는 장소 안으로 우리를 이끌지도 모른다. 우리가 가고 싶어 하지 않는 곳이나, 그리고 건강에 해로운 곳일 수도 있다. 이러한 위험을 피하기 위해 우리는 이러한 흐름이 우리에게 어떻게 하든지, 어디로 데려가는지 관계없이 이에 적응할 방안을 찾아야 한다. 다른 말로, 일상의 틀에서 벗어나서 변화해야만 한다. 혁신, 그리고 변화에 대한 최소한의 적응, 소멸. 이 세 가지 선택에 서 있다.

군 생활이 다른 이들처럼 변화의 대상이라는 건 굳이 지적할 필요는 없을 것이다. 그렇기는 하지만, 군 영역에서의 변화와 혁신이 다른 영역에서의 혁신보다 더 중요하다. 전쟁에서는 적(敵)이 존재하며, 우리의 적은 우리만큼 똑똑하고 유능하며, 우리를 죽이기 위해 최선을 다한다. 때문에 모든 전쟁이론가들이 지적하듯이, 이러한 적에 대항하기 위한 가장 좋은 방안은 이들이 예상치 못한 무언가를 하는, 즉 기습공격이다. 손자가 말했듯이, 벼락과 같이 적에게 덤벼들어야 한다. 다른 것들이 다 동일하다면, 덜 전통적이고, 더 혁신적이고, 그리고 적들이 대항을 시작하기 어려울수록, 아군의 목표를 성취하는 데 더 좋을 것이다.

다시, 기술에 몰두하고, 종종 이에 사로잡혀 있는 세계에서는 우리가 필요로 하는 종류의 혁신이 꼭 기술에 관한 것은 아니라는 점을 언급할 필요가 있다. 기술 영역의 혁신뿐만 아니라, 작전에서의, 교리에서의, 운영에서의 혁신과 같이 다른 영역의 혁신 또한 매우 중요하다. 심지어 변변치 않은 행정상의 혁신조차도 효율을 증진한다는 점에서 도움이 될 수 있다. 예를 들어, 1973년 10월 욤 키푸르 전쟁 초기 이집트군과 시리아군이 이스라엘 방위군(IDF: Israel Defense Forces)을 기습하였고, 이스라엘은 구사일생으로 겨우 살아남았다. 전쟁 이후 이스라엘은 더욱 효율적으로 병력을 동원하기 위해 여러 가지 행정 절차를 고안하였다. 하지만 1973년 10월 이후 이스라엘에게는 행운이 따랐으며, 대규모 병력을 동원해야 하는 전면 전쟁은 경험하지 않았다. 그 덕분에, 병력 동원을 위한 조치들은 실전 상황에서 실행되지 않았다.

3 | 어떻게 혁신이 시작되는가?

"낙타는 위원회가 고안한 말이다(A camel, people say, is a horse that was designed by a committee)." 이 말은 여러 사람이 모여서 간단한 일을 놓고 논의하면 엉뚱한 결과를 낳을 수 있다는 속뜻을 갖고 있다. 항상 어디서나, 혁신은 한 사람의 마음속에서 시작된다. 꽤 자주 동일한 아이디어가 여러 사람에게서 거의 동시에 떠오르는데 이는 무엇을 의미하건 간에 시기가 무르익었다는 것을 입증하기도 한다.

혁신의 사고방식이 정확하게 어떻게 작용하는지는 오랫동안 수수께끼였으며, 아마 심판의 날이 다가올 때까지도 여전히 이에 대한 수많은 문헌이 여전히 존재할 것이다. '영감(inspiration)'이라는 단어가 의미하듯이, 혁신은 신이 우리에게 선사한 것으로 간주된 적도 있었다. "노래하소서, 여신이여. 펠레우스의 아들 아킬레우스의 분노를. 아카이오이 족에게 헤아릴 수 없이 많은 고통을 안겨주었으며 숱한 영웅들의 굳센 혼백을 하데스에게 보내고"라고 호메로스가 일리아드에서 노래했듯이 말이다. 하지만 그 어느 것도 영원할 수 없다. 수많은 책에서 나타난 단어의 빈도수를 추적할 수 있게 해주는 엔그램(Ngram) 프로그램에 따르면, "영감은 오랫동안 자주 사용되었지만, 1920년 이후에서야 창조성(creativity)이란 뜻과 결부되었다". 창조성은 혁신을 외부의 요인보다는 내부의 요인에서 비롯된다고 추정한다는 점에서 영감과 구별된다. 누군가가 샘 밖으로 흐르는 물과 같다고 말하듯이, 시간이 흐르면서 '영감'의 사용빈도가 줄어들었고 대신 '창조성'의 빈도는 증가함에 따라 1995년 두 지표는 역전되었다.

우리는 창조성이 무엇인지, 그리고 어떻게 측정할지 알지 못한다. 또한 왜 어떤 사람은 다른 사람들보다 더 창조적인지, 어떻게 이를 조성하고 증진시킬지, 이에 대한 수많은 문헌들에도 불구하고 알지 못한다. 우리를 더욱 당혹케 만드는 것은 어느 한 사람에게 효과적이었다고 해서 다른 사람들에게도 효과적이라는 보장은 없다는 데 있다. 그럼에도, 과학자들과 발명가들의 직접적인 노력 덕에 어떻게 작용하는지, 개인적으로 말하는 것에서 조금이나마 알게 되었다. 언제나 어디서나 항상 처음은 거의 우연이다. 처음은 흥미를 유발시키거나, 혼란스럽게 하거나, 도전하게 하거나, 사로잡는 어떠한 현상이나 사건에 직면하면서 이루어진다. 하지만 B나 C, D가 아닌 A만이 가능하다. 이것이 시사하는 것은 이 모든 것들을 하기 위해서는 문제의 마인드가 특별한 부류가 되어야 하고 또 어느 정도 문제에 대응할 수 있도록 준비되어야 한다.

"흥미를 가지다"라는 말은 논의가 되고 있는 현상과 사건에 대해서 더 알고자 하는 시도를 수반한다. 첫 번째 단계는 너무 소심하거나 아니면 너무 대담한 경향이 있다. 오직 문제 전반에 걸친 점차적인 시도만이 명백해질 수 있다. 더 배울수록, 퍼즐을 더 이해할 수 있고 동시에 길 위에 있는 장애물 또한 더 크게 나타난다. 그리고 갑자기 당연시했던 것들이 아무것도 아니게 된다.

수수께끼를 풀려는 첫 번째 시도는 종종 초라하게 실패한다. 이러한 시도는 직선으로 잘 포장된 도로를 부드럽게 걸어가는 것이 결코 아니다. 오히려, 어둠 속 미로를 지나가며 출구를 찾으려고 노력하는 것에 비할 수 있다. 수없이 많은 잘못된 길과 막다른 길이 곳곳에 위치하는 그러한 미로 속을 지나간다. 반복해서, 벽에 마주하고, 상처를 입는다. 위험이 도사리고 있는 곳에서 계속해서 빠질 수도 있다. 하지만 포기하지 않는다. 문제에 점점 사로잡혀가면서 심지어 모든 것을 탕진할 수도 있다. 이러한 격렬한 생각에 몰두한 채, 먹고 마시고 자는 것조차 잊은 사람들은 소설에서뿐만 아니라 현실에서도 아주 흔히 있는 일이다. 외견상 승리의 순간은 곧 반복해서 실패와 실의, 낙담으로 이어진다. 마치 축복에서 멀어진 것처럼 느낄 때, 영감/창조성은 자기 자신의 책임이 아니라는 생각에 영향을 주는 저주라 할 수 있다. 마음의 평안을 갈망하지만, 해결책을 찾지 못하는 한 평안은 찾아오지 않는다. 틀림없이, 무엇이 뒤따르는지, 그리고 무엇이 필요한지는 그야말로 광기의 결과라 할 수 있다.

개인적으로 나에게, 이러한 과정에 대한 최적의 묘사는 단연코 베토벤의 교향곡 9번이다. 듣고 또 들었다. 전부 65분, 그 시간 동안 바로 그 의문이 있다. 해결책을 찾기 위한 초기의 시도; 그리고 몇 번이고 반복되는 실패; 조용하지만, 빼놓을 수 없는 숙고의 시간; 절망; 자기혐오와 그리고 이러한 자학을 멈추기 위한 해결책 포기; 그렇지만 그렇게 할 수 없도록 만드는 아마도 정상보다는 광기에 가까운 집착; 대부분이 허사로 돌아간 더 많은 시도들; 보기에 난데없이 시작된

유명한 선율과 갑작스러운 출현에 답을 찾던 이의 놀라움; 선율의 전
개; 그리고 모든 다른 것을 압도할 시점에서의 환희; 마지막으로 뒤따
르는 거의 억제할 수 없는 즐거움의 표출. 베토벤의 극작가 쉴러
(Johann Christoph Friedrich von Schiller)가 말했듯이, 이 즐거움은 듣는 이
가 울퉁불퉁한 땅을 뛰어가는 염소처럼 춤추도록 만든다.

보다 많은 사람이 이해 가능한 예를 들어보자. 대부분 제임스 와
트(James Watt)에 대해서 들어보았을 것이다. 근대 증기기관의 발명가
로서 그는 아마도 산업혁명의 가장 중요한 아버지라 할 수 있다.
1736년 태어난 와트는 글래스고 대학에서 수업과 실험에 쓰일 여러
과학기구들을 만들고 유지하는 일을 했다. 그가 일했던 장소는 여전
히 온전히 보전되어 있으며, 관광객들을 위해 개방되어 있다. 어느
날, 와트는 고장난 뉴커먼 증기기관의 수리를 요청받았다. 하지만 수
리 후에도, 엔진이 제대로 작동하지 않으며, 비정상적인 양의 연료를
소모하고 있다는 것을 알아냈다.

그 당시, 그 문제의 엔진은 약 50여 년 전에 개발된 것이었다. 와
트가 이 엔진의 문제를 인식하기 전부터 많은 다른 이들이 동일한 문
제를 인식해왔다. 그래서 조셉 블랙(Joseph Black)은 이러한 문제를
잠열(潛熱; latent heat)을 발견하는 데 이용하기도 했다. 그렇지만 그는
이 문제를 그대로 놓아두었다. 블랙과 와트는 친구였고, 블랙은 심지
어 이 문제의 중요성에 대해 와트에게 말해주기도 했다. 와트가 한 것
이 아니었다. 분명하지 않은 몇몇 이유로, 와트는 이 문제에 강한 흥
미를 가졌고, 답을 찾기 시작했다. 그냥 넘어가지 않고, 몇 개월 동안
끝없이 그는 문제를 일으킨 원인에 대해 숙고했고, 어떻게 이를 해결
할 수 있을지 심사숙고했다. 명백하게 그의 심사숙고 대부분이 심지
어 그가 다른 일을 하고 있거나 아무 일도 안하고 있던 순간에 무심결

에 행해졌다. 나중에 와트가 설명하기를, 가장 중요한 직관은 1765년의 한 일요일에 찾아왔다고 한다. 그의 작업장에서 문제해결을 위해 집중하고 있던 때가 아니라, 공원을 산책하고 있을 때였다. 그의 직관은 연료를 덜 소모하면서 좀 더 강력한 엔진을 만들어내기 위해서는 보일러를 실린더와 분리해야만 한다는 것이었다. 이는 의미했다. 피스톤의 매번 스트로크마다 열을 식히기 위한 대안이 더는 필요치 않게 되었다는 것을 의미했다. 이 유레카 순간 이후, 모든 것이 해결되었다.

비슷한 이야기를 프로이트, 아인슈타인, 아르키메데스에서도 찾을 수 있다. 순금관의 순도를 알아낼 수 있게 만든 '비중'의 아이디어를 떠올렸을 때, 아르키메데스는 목욕 중이었다. 너무나 기쁜 나머지 그는 발가벗은 채 날뛰면서 거리를 뛰어다녔다. 위의 세 사람 모두 평범한 일상 속에서 깨달음을 얻었다는 것은 발견과 혁신을 위한 길이 서로 반대되어 보이는, 다른 두 개로 구성되어 있다는 것을 보여준다. 한쪽에서는 문제에 대한 강한 집중이 나타난다. 어느 발견도 집중 없이 이루어지지 않았다. 다른 한쪽으로는 가능한 한, 통제나 제한 없이 배회할 자유 또한 필요하다. 그리고 이 두 가지가 만날 때, 즉, 배회하기 위한 집중과 배회가 집중으로 이어질 때, 유레카를 외칠 순간이 찾아오게 된다. 정확하게 어떻게, 그리고 왜 이 순간이 일어나는가? 이 주제를 연구한 수없이 많은 심리학자 어느 누구도 이에 대한 답변을 알고 있지 않는다. 그리고 저자 자신도 앞으로 이 문제에 대한 대답을 찾을 수 있을 것이라고 생각하지 않는다.

4ㅣ혁신의 전제조건

다시, 우리는 무엇이 유레카를 유발하는지 알지 못한다. 뇌의 어느 부분이 얼마나 이를 유발하는지 찾아내고자 하는 신경학상 연구들은 흥미롭지만, 아쉽게도 큰 도움은 되지 못한다. 그렇지만 우리는 출현과 전개, 번영에 영향을 끼치는 조건들에 대해서는 알고 있는 부분이 있다. 단연코 가장 중요한 조건은 자유이다. 구체적으로 말하면, 일반적으로 용인되고 있는 아이디어들에서 벗어날 수 있게 하는 자유, 그리고 관련 여부를 떠나 모든 종류의 정보에 접근할 수 있도록 제공하고 방해하지 않는 자유, 마지막으로, 지나친 걱정이나 동요를 갖지 않는 자유, 이 세 가지 자유를 각각 차례로 논하고자 한다.

먼저, 기존의 아이디어들을 받아들이지 않는 자유이다. 우리 모두는 대체로 습관의 산물이다. 실제로, 그렇지 않았다면 반드시 생각과 인생 모두 불가능할 정도로 난장판이었을 것이다. 그렇기에 우리의 기저를 이루고 있는 습관과 아이디어들에서 빠져나오는 것은 항상 어려운 일이며, 종종 거의 불가능한 것으로 여겨진다. 니체를 예로 들면, 밧줄을 풀어 던지고, 다른 해변의 위치와 항구에 정박할 때의 어려움을 모른 채 미지의 바다로 항해를 시작할 때와 같다. 사회적 제약과 종교적 금기, 그리고 정치권력은 항상 이와 같은 혁신과 자유를 억압하였다. 사용할 수 있는 모든 수단으로 혁신적인 사고방식을 억압하였던 사례는 너무나도 많다. 이러한 조건 아래서 혁신은 어려울 수밖에 없다.

앞의 자유와 긴밀하게 연결되어 등장하는 두 번째 자유는 정보에 자유롭게 접근할 수 있게 해주는 자유이다. 다시 말하면, 설사 아무 근거도 없이 정보가 나타난다고 하더라도 이는 극히 드물다. 보통 다른 방향이나 심지어 다른 문화에서 얻어진 다른 요소들로 혼합하는 것이 필요하다. 따라서 혁신가가 되려고 하는 이들이 이에 대한 요소와 정보에 접근하는 능력이 없어선 안 된다는 것이 제일 중요하다. 반대로 이들은 가능한 한 제일 잘 접근할 수 있어야 한다. 모든 과학적 연구에서 주제에 대해 이미 접근 가능한 모든 정보를 버무리는 것이 중요한 단계인 데는 충분한 이유가 있다. 같은 장소와 사회에서, 똑같은 사람들과 교류하면서, 그리고 매일 똑같은 일을 반복하면서 평생을 살아가는 이에게 혁신적이길 요구하는 것은 사실상 불가능하다. 십중팔구는, 그는 이는 아나콘다 체내에 있는 먹이와 같이 고리에 잡혀 있을 것이다. 여러모로 아주 옛날, 아니면 다른 외래문화에 직면하는 것은 도움이 될 것이다. 그러나 이들 중 어느 것도 실제로 혁신이 일어날 것이라고 보장해주지는 않는다. 이들은 필요조건이지, 충분조건은 아니다.

마지막으로, 스트레스가 없는 데서 나타나는 자유이다. 여기서 우리는 역설, 좀 더 정확하게 표현하자면 딜레마에 직면한다. 말하자면, 숙명적으로 스트레스의 부재와 인생을 너무 쉽고 안전하게 이끌어가는 것은 나태와 동기부여의 결여로 쉽게 이어질 수 있다. 특히 동기부여 같은 종류는 혁신을 위해선 필수적이다. 그렇지만 지금 당장 집중을 하는 데 대한 지나친 스트레스는 동시에 혁신을 방해할 수 있다. 옛날 라틴 속담에서도 말하듯이 "전쟁의 시간에 뮤즈는 침묵한다(inter arma tacent musae)". 다른 말로, 이 둘 사이에의 균형이 중요한 문제이다. 아마 이 둘 사이의 균형은 사람마다 다양하게 나타날 것이다. A가 유레카의 순간에 도달하도록 만들고 혁신의 과정에 나설 수 있게 만든 조건은 B와 C의 조건과는 필연적으로 같지 않을 것이다.

5 | 혁신에서 발전까지

직관의 눈부신 섬광, 유레카의 순간이 이 과정의 끝은 아니다. 실제로 대부분의 사례에서 이는 단지 시작에 지나지 않는다. 필요한 것은 아이디어를 실행 가능한 단계까지 발전시키는 것이다. 다시 제임스 와트의 예를 보자. 제임스 와트는 이렇게 했던 훌륭한 사례이다. 와트는 땜장이였고 기술자였으며 엔지니어였다. 그의 작업 기저에 깔려 있던 과학적 원칙에 대해 항상 그가 갖고 있던 흥미에도, 그는 그의 엔진을 실용적인 도구로서 상업적인 단계까지 발전시킬 수 있는 자원을 갖고 있지 못했다. 와트 자신은 인간사에서 새로운 시대의 기념비로 발전시키는 데 필요한 비전 등은 전혀 생각하지도 못했다. 먼저, 와트는 중부 스코틀랜드 폴커크(Falkirk) 근처에 위치한 저명한 캐런 철공소(Carron Ironworks)의 설립자인 존 로벅(John Roebuck)과 동업관계를 맺었다. 하지만 엔진을 개량하는 것, 특히 실린더에 피스톤을 정밀하게 맞추는 방법을 찾는 것은 예상외로 어려운 작업이었다. 또한 와트의 특허권을 둘러싼 소송문제도 불거졌다. 로벅의 파산 이후 8년 동안 와트는 측량사와 시 엔지니어로서 생계를 유지해야 하는 압박에 시달렸다.

더 크고 더 널리 알려진 버밍엄(Birmingham) 근처의 소호 철공소(Soho Ironworks) 창립자이자 사장이었던 매튜 볼턴(Matthew Boulton)와 새로운 동업자 관계를 맺은 후에야 다시금 상황이 진전되기 시작했다. 하지만 대포 제작의 전문가였던 존 윌킨슨(John Wilkinson)이 기술을 제공하면서 돌파구가 마련되었다. 덕분에 증기가 새어나가지 않는 유용한 엔진을 만들기 위해 필요한 정밀한 피스톤과 실린더를 제작할 수 있었다. 하지만 이 세 명은 관계 정립에 실패하였다. 윌킨슨이 와트와 볼턴의 특허를 침해하는 자신만의 엔진을 만들기 시작하였다. 하지만 이것은 완전히 새로운 것을 만들어내는 것이 아닌, 기존의 것을 기존과 다른 방향과 새롭고 예상치 못한 방향으로 재조합한다는 혁신의 방식을 보여주는 또 다른 좋은 예를 보여준다.

일반적으로, 발명과 발전은 유사한 것이 아니다. 실제로 이들은 낮과 밤이 그렇듯 서로 전혀 다르다. 발명은 보통 오랜 기간의 마음의 준비가 선행되지만, 갑작스런 섬광 가운데 들어오는 경향이 있다. 그렇지만 발전은 여러 막다른 골목에 참여하게 만들지만, 장기적이고 체계적인 과정이라 할 수 있다. 발명은 전혀 다른 방식으로 재조합하기 위한 분해와 보통 외부에서 유입된 새롭고 전혀 예상치 못한 요소들을 요구한다. 대신 발전은 명확한 목표 설정과 이 목표 달성을 위한 재조합을 요구한다. 발명은 거의 언제나 개인의 성취이며, 발전은 잘 조직되고 적절하게 지시받은 팀에 의해 수행될 때, 그리고 이러한 팀의 구성원들이 서로를 지원하고 각각의 지식과 능력 간의 차이를 메꿔줄 때, 좀 더 성공할 가능성이 높다. 발명은 돈이 적게 들 수 있는 반면, 발전은 매우 많은 비용을 요구할 수 있다.

이러한 설명들은 왜 그 많은 발명가들이 실패하는지, 그리고 이들이 개발자들의 하급동업자가 됨으로써 종종 성공을 거두는지에 대한 근거를 제공하고 있다. 와트와 볼턴의 사례가 이를 보여주고 있으며, 필요한 재정적 자원을 제공하고 종종 더 중요한 경영상, 상업적 기술을 제공했던 건 후자였다. 발명가와 개발자를 동시에 하는 이들은 드물지만 존재한다. 이에 대한 좋은 예는 에디슨이며, 테슬라 사를 설립하기 전 컴퓨터와 우주비행과 관련된 여러 다양한 새로운 기술을 개척하는 데 관여했던 머스크(Elon Musk)가 있다.

6 | 군사혁신

이제 민간분야의 혁신과는 대조적으로 군사혁신의 특별한 성격에 대한 논하고자 한다. 우리가 가장 먼저 언급해야 하는 것은, 전쟁은 위험하다는 것이다. 우리 인류가 관여해왔던 다른 어떤 행위보다도 전쟁은 위험하다. 다른 영역에서 실패의 일반적인 몫은 심리, 사회, 경제에 해당한다. 하지만 전쟁에서 실패는 죽음이다. 나폴레옹을 인용한다면, 전쟁은 개인과 국가, 정치권력의 운명을 지배한다.

중요한 역할과 동시에 위험한 행위를 수행하기 때문에 모든 군사조직은 이를 대처하기 위해 건설되어야 한다. 여기에 두 가지 기본 방안이 있다. 첫째, 군사조직은 고도로 조직화된다. 조직 계급은 잘 다듬어진 것이며, 명령계통은 가능한 한 명확하게, 즉 모든 사람이 그 조직 내에서 자신의 위치를 알 수 있게끔 만들어졌다. 책임은 주의 깊게 할당되었다. 군법(軍法)에 의해 성문화된 지휘권은 일반생활에서의 경우보다 개인과 개인의 권리보다 더 강력하고 덜 사려 깊은 경향이 있다. 그리고 규율에 똑같이 적용된다. 로마군과 프러시아/독일군과 같은 인류 역사상 최고의 군대들이 비할 데 없이 엄격한 규율로 유명한 것은 우연이 아니다. 이 모든 것 역시 전쟁에 내재되어 있는 마찰과 불확실성에 대응한다는 점에서 매우 중요하다.

둘째, 기습의 중요성 때문에, 비밀엄수는 필수적이다. 비밀엄수의 핵심은 알 필요가 있는 사람만 알게 된다는 것을 확실하게 하는 데 있다. 또한, 각각의 경우, 최대한 마지막 순간에 관련 정보를 전해주어야만 한다. 여기서 구획화의 필요성과 안전한 정보 보관, 암호화, 명확한 전달방식 등이 요구된다.

다시 말해, 공고한 조직과 비밀엄수 모두 절대적으로 전쟁 수행에 필요하다. 그렇지만 이들은 동시에 특히 초반부에 혁신에 대한 상당한 장애물로 작용한다. 일단, 고도로 구조화된 조직에서 엄격한 감독관리 속에 일하는 사람들은 새로운 아이디어가 등장하기 위해 필요한 정보의 분해와 재조립에 익숙하지 않으며, 이러한 관행이 나타날 가능성 또한 매우 희박하다. 관련된 인원들은 필수적인 정보 전체에 접근할 가능성은 매우 낮으며, 실제로 조직 안과 밖에서 그들이 아는 것을 다른 사람들과 논하는 것을 방해받을 수도 있다. 요약하면, 대부분의 군사조직은 의사소통과 아이디어의 자유로운 교환을 촉진하는 것과 거리가 멀며, 이러한 것들을 더욱 어렵게 만드는 방식으로 구축되었다.

그렇기에 이러한 것들을 발전시키는 것에 관해 꽤 어려운 문제라 할 수 있다. 애덤 스미스가 말한 것처럼, 경제적 우려보다 안보가 중요하다. 직접적으로 필요성이 국가에 제기될 때, 재무부의 제한은 느슨해지며, 마치 마법에 의한 것처럼, 기금은 사용 가능해지는 측면이 있다. 1940년대, 미국의 전체 국방예산이 22억 달러 규모였을 때, 전체 국방예산에 해당하는 금액을 단지 원자폭탄 두 개를 만들어내는 데 사용할 줄 누가 상상이나 했을 것인가? 그렇지만 정확하게 그러한 일이 일어났다. 70년 후, 2011년 R&D을 위해 쓰인 금액은 630억 달러 정도로, 전체 국방예산의 10%를 조금 웃도는 정도였다. 그리고 전 국가적으로 사용된 R&D 금액은 4000억 달러 정도로 GDP의 3%보다 밑돌았다.

또한 이는 특히 전시 군부에서 개발에 관여할 때, 민간조직들이 누릴 수 없는 여러 이점들을 누린다는 점에서 가능하다. 명령의 일원성, 엄격한 조직, 사람과 자원을 징발할 수 있는 능력, 그리고 전쟁이 만들어내는 위기감, 애국심과 희생이 바로 그것이다. 다시 돌이켜보면, 레슬리 그로브스(Leslie R. Groves) 장군을 제외한 어느 누가 맨해튼 프로젝트를 착수한 지 3년 만에 완료하게 밀어붙일 수 있었을까. 하지만 이는 비밀주의와 추진력이 결합된 그의 성격 때문이 아니라, 그를 지원한 어마어마한 조직의 능력 때문이었다. 발전과 관련하여 말할 수 있는 최소한은, 군부는 발명의 문제에서 나타나는 똑같은 약점에서 오는 어려움을 겪지 않는다는 것이다. 오히려 그 반대라 할 수 있다.

7 | 군사혁신의 위험

수천 개의 책과 글들이 혁신의 중요성에 대해 논하고 있다. 하지만 혁신이 가져오는 위험성에 대해서는 그리 많은 책들이 다루고 있지 않다. 여기서는 민간부문의 혁신이 가져오는 위험성 대신 군사혁신의 위험성을 얘기할 것이다. 가장 큰 문제점은 항상 그렇지만 혁신이 실패할 수도 있다는 가능성이다. 유망해 보이는 프로젝트가 잘못된 이론적 근거에 기반을 두고 있거나, 실행 불가능한 것으로 판명될 수 있다. 군사혁신의 결과 나타난 생산물이나 방안들이 사용자에게 거부될 수도 있다. 전쟁사는 이러한 사례로 가득 차 있다. 지난 70년간 미 공군의 신형 비행기 개발 역사가 그 단적인 예라 할 수 있다. 초정밀하고, 엄청나게 비싼 F-22와 F-35를 포함한 대부분의 실패와, 아주 적은 성공사례. 이 중 몇몇은 아마도 전쟁이 야기한 위기감과 속도감 때문일 것이다. 명백히, 이러한 속도감과 위기감으로 인해 사람들과 팀이 최선을 발휘하도록 자극받기도 한다. 그렇지만 이는 동시에 작업의 조잡함과 부실로 귀결되기도 한다.

모든 작업이 그러해야 한다 하더라도, 옛것을 새것으로 대체해야 하는 필요성은 혼란을 의미하고, 동시에 작전수행태세에 지장을 준다. 다른 것이 다 동일하다면, 더 새롭고 복잡한 작업이 말썽을 야기할 가능성이 더 높다. 1943년 독일의 쿠르스크 공격은 이를 잘 보여준다. 새롭게 도입된 팬더(Panther) 탱크의 문제로 계속해서 작전이 지연되면서, 결국 작전이 시작되었을 때에는 이미 소련군은 준비를 마치고 기다리고 있었다. 심지어 하드웨어가 작동할 때조차도, 새로운 기술과 절차형식을 익힐 소프트웨어를 소화시킬 시간이 필요하다. 간략히, 혁신은 준비태세를 재조정할 다소의 기간을 야기할 것이다. 그리고 이 기간을 극복할 때까지, 모두가 할 수 있는 것은 적이 이 기간을 정확하게 공격의 시간으로 선택하지 않기만을 바라는 것밖에는 없다.

8 | 결론

몇몇은 이 글을 두고 특히 글의 마지막 부분에서 혁신이 가지고 있는 중요성을 축소하고 있다고 느낄 수 있다. 그렇지만 그것은 이 글의 주장이 아니다. 우리 주위에 변화가 진행되는 속도감과 관련하여 이를 조정하고 쫓아가야 할 부득이한 필요성과 관리 및 활용에 주도권을 장악하고 싶은 바람에서 그렇게 혁신의 중요성을 축소하는 것은 어리석고 절망적일 수 있다. 이 모든 것은 혁신의 본질을 살펴보는 것이다. 혁신을 형성하는 매우 다른 요소들, 이를 야기하고 진행하게 만드는 요인들, 마지막으로 그것이 만들어내는 문제점들. 처음에는 일반적인, 그리고 특정 군사적 맥락에서 혁신을 다루었다. 혁신에 대해 어떤 입장을 갖고 있는 지간에 혁신을 검토하는 것은 유익할 것이다.

육군력 포럼 육군참모총장 축사

육군참모총장 장준규 대장입니다. 오늘 뜻깊은 제2회 '육군력 포럼'을 개최하게 되어 매우 기쁘게 생각하며, 참석해주신 모든 분들을 진심으로 환영합니다.

특히, 육군과 함께 오늘 포럼을 공동 주관하시는 유기풍 서강대 총장님과 이근욱 육군력연구소장님, 기조연설을 해주실 반 크레벨드 교수님, 진행을 맡아주신 홍규덕 교수님과 김재천 교수님, 그리고 탈매지 교수님을 비롯하여 발제와 토론에 참가하시는 국내외 전문가 여러분께 감사를 드립니다.

지난해 6월 서강대학교 '육군력연구소'가 출범하면서 육군의 미래 발전을 위한 민간 차원의 연구 인프라가 나날이 확충되고 있습니다. 그리고 작년 11월 최초의 육군력 포럼을 통해 한반도 미래 전장

환경에서 육군의 중요성과 역할 증대에 관한 국민적 공감대를 확산시키는 소중한 계기를 마련했습니다.

"사랑하면 알게 되고, 알면 보이니, 그때 보이는 것은 전과 같지 않다"는 말이 있습니다. 육군력에 대한 여러분의 뜨거운 관심과 지지는 육군을 향한 '사랑'에서 비롯된 것임을 알고 있습니다. 이 자리를 빌려 육군력연구소와 포럼에 참석하신 모든 분들의 아낌없는 사랑과 성원에 깊은 감사를 드립니다.

현재 한반도 안보상황은 새해 벽두부터 북한의 4차 핵실험과 장거리 미사일 발사로 인해 더욱 위태롭게 전개되고 있습니다. 국제사회의 강력한 대북제재로 사면초가에 놓인 북한은 국면 전환을 위해 '대화'와 '도발'을 반복하며 위협을 지속하고 있습니다. 최근에는 집단 탈북이 연쇄적으로 발생하는 등 북한 내부 급변사태의 가능성도 증가하고 있습니다.

한편 동북아 지역은 역사와 영토 문제를 둘러싼 갈등과 군비경쟁이 심화되고 있습니다. 전 세계적으로는 도발 주체와 수단이 불명확한 테러 위협이 확산되고 있으며, 환경오염과 신종 전염병, 사이버 공격 등 비군사적·초국가적 위협이 증가하고 있습니다.

이러한 상황 속에서 우리 육군은 '국가방위의 중심군'으로서 현재와 미래의 다양한 안보위협에 능동적으로 대처할 수 있는 최선의 방법을 모색하고자 부단히 노력하고 있습니다.

존경하는 안보 전문가 여러분!

저는 지난 4월 미국 공무출장 중에 미래육군위원회와 교육사령부 방문을 통해 미래 육군의 발전방향을 모색하는 기회를 가졌습니다. 미군은 수많은 전쟁 경험을 통해 30년 후의 안보환경 변화까지를 염두하고 전략을 설계하며, 그에 따른 교리발전과 인재양성, 전력개발 등 미래 준비에 박차를 가하고 있습니다.

슬기로운 자는 미래를 현재인 것처럼 대비합니다. 이에 우리 육군은 미래를 준비하기 위해 역량을 집중해나갈 것입니다. 과학기술과 무기체계의 발전뿐만 아니라, 정치·사회적 환경 변화와 국제관계를 포함한 종합적 관점에서 위협요인을 철저히 분석하고 대비해나갈 것입니다.

이를 위해 조만간 육군미래위원회를 출범시켜 마스터플랜을 수립하고, 국방개혁 및 창조국방과 연계하여 미래업무를 적극 추진할 것입니다. 또한 국내 첨단 IT 기술을 적극 활용하는 등, 창조경제혁신센터를 비롯한 유관 기관과 기업·단체와의 긴밀한 협업을 통해 미래 육군의 능력을 강화해나갈 것입니다.

이러한 차원에서 육군력 포럼은 미래 육군 발전을 위한 핵심 외부역량으로 확실히 자리매김할 것입니다. 모쪼록, 미래 전쟁의 승패를 결정지을 육군력 발전을 위해 여러분의 큰 관심과 성원을 당부드립니다.

끝으로, '미래의 전쟁과 육군력'이라는 주제로 열리는 이번 포럼에서 창의적인 아이디어들이 많이 나오기를 기대하며, 이 자리에 계신 모든 분들의 건승과 가정의 행복, 육군력 포럼의 무궁한 발전을 기원 드립니다. 감사합니다.

2016년 6월 21일
육군참모총장 대장
장 준 규

육군력 포럼 서강대학교 총장 축사

안녕하십니까? 서강대학교 총장 유기풍입니다. 육군력 포럼의 주관 학교 총장으로서 제2회 육군력 포럼의 개최를 축하합니다. 오늘 이 자리에 참석해주신 내외 귀빈 여러 분들께 감사의 말씀을 전합니다. 우선 지구 반대편에서 기조연설과 발표를 위해 와주신 이스라엘의 마틴 반 크레벨드 교수님과 미국 조지워싱턴 대학의 케이틀린 탈매지 교수님, 감사드립니다. 오늘 세션의 사회를 맡아주신 숙명여자대학교의 홍규덕 교수님과 우리 서강대학교의 김재천 교수님께도 감사드립니다. 오늘 발표와 토론을 맡아주신 여러 선생님들께도 감사드립니다. 무엇보다도, 오늘 행사를 가능하게 해주신, 서강대학교를 믿어주시고 육군력연구소를 아낌없이 지원해주신 장준규 육군참모총장님께 감사드립니다.

우리 서강대학교는 2015년 6월 육군력연구소를 설립하고, 대한민국 육군과의 협력을 통해 민간 부분의 군사 및 육군 문제 전문가와 연구 역량을 육성하고 동시에 육군의 중요성에 대한 국민적 공감대를 형성하려고 합니다. 서강대학교 총장으로서, 이러한 노력은 서강대학교를 위한 일이기도 하지만, 동시에 대한민국 육군을 위한 일입니다. 무엇보다도 이것은 대한민국의 민주주의를 지키기 위한 일입니다.

이번 2회 포럼의 주제는 '미래 전쟁과 육군력'입니다. 화학을 전공한 엔지니어의 입장에서 포럼의 주제는 생소합니다. 하지만 '미래'의 문제에 대해서는 이해할 수 있습니다. 엔지니어 입장에서 미래는 환상의 세계입니다. 꿈꾸는 모든 것이 가능한 세계이지요. 동시에 그 세계는 환상의 세계이기 때문에 우리가 지금으로는 이해할 수 없는 불확실성과 예측할 수 없는 위험으로 가득 찬 세계이기도 합니다. 그렇기 때문에 모든 가능성이 존재하며 동시에 모든 문제점이 드러날 수 있는 곳입니다.

저 개인으로는 미래 전쟁을 이와 같은 측면에서 이해합니다. 모든 불확실성과 위험이 존재하는 세계에서 벌어지는 전쟁이며, 동시에 우리가 꿈꾸는 모든 무기가 동원되는 전쟁으로 말입니다. 엔지니어 입장에서 관심을 가지는 것은 결국 무기와 기술일 수밖에 없으며, 이것은 어떤 측면에서는 당연합니다.

하지만 저 개인은 서강대학교 총장이기도 합니다. 총장 입장에서 본인은 단순히 가능한 모든 것을 실현하려고 하지 않습니다. 최종 결정을 위해서는 단순한 화학 엔지니어가 아니라 학교의 경영자 입장에서 상황을 파악해야 하며, 상황 파악에서도 이전까지는 심각하게 고려되지 않았던 사항들이 핵심적인 변수로 등장하게 됩니다. 이러한 상황은 여기 계시는 또 다른 총장님, 육군참모총장 장준규 대장님의 경우에도 마찬가지라고 생각합니다. 공대 교수의 시각과 대학 총장의 시각이 다르듯이, 병사의 시각과 장군의 시각이 다를 것이며 장군의 시각과 참모총장의 시각 또한 다를 것입니다.

그리고 군인의 시각과 민간의 시각 또한 다를 것입니다. 이러한 시각의 차이를 극복하고 민간 부분의 군 및 육군 문제에 대한 이해를 높이는 것이 서강대학교 육군력연구소의 중요 목표입니다. 또한 이번 포럼의 중요한 목표라고 생각합니다. 오늘 개최되는 제2회 육군력 포럼이 이러한 목표를 잘 달성하기를 기원합니다.

오늘 행사는 이러한 측면에서 매우 중요합니다. 특히 여기 오신 학생분들에게 중요합니다. 안보는 현재의 것이기도 하지만 미래의 것이기도 하다는 점에서 안보에 대한 투자는 교육에 대한 투자와 일맥상통합니다. 그리고 바로 그 미래는 오늘 여기에 오신 학생분들의 미래입니다. 오늘과 같은 행사를 통해 우리는 미래 세대의 주역이 될 지금 현재의 대학생들에게 안보 문제에 대한 관심과 전문성을 길러줄 수 있습니다. 그리고 오늘 육군력 포럼에 참석하시는 여러분들은 한국 민주주의의 발전을 위해서 안보 문제에 관심을 기울여야 합니다. 미래는 바로 학생 여러분들의 노력과 행동에 따라 결정됩니다.

마지막으로 이러한 귀중한 자리를 마련해주신 대한민국 육군과 장준규 참모총장님께 다시 한 번 감사드립니다. 앞으로 육군력 포럼의 무궁한 발전을 기원합니다. 감사합니다.

2016년 6월 21일
서강대학교 총장
유 기 풍

제1장

칼 하인츠 프리저. 2007. 『전격전의 전설』. 진중근 옮김. 서울: 일조각.

Biddle, Stephen. 1998. "The Past as Prologue: Assessing Theories of Future Warfare." *Security Studies*, Vol. 8, No. 1 (Autumn 1998), pp. 1~74.

Desch, Michael D. 2002. "Democracy and Victory: Why Regime Type Hardly Matters," *International Security*, Vol. 27, No. 2 (Fall 2002), pp. 5~47.

Ferguson, Niall. 1999. *The Pity of War: Explaining World War I*. New York: Basic Books.

Frieser, Karl-Heinz. 2005. *The Blitzkrieg Legend: The 1940 Campaign in the West*. Annapolis, MD: Naval Institute Press.

May, Ernest. 2000. *Strange Victory: Hitler's Conquest of France*. New York: I.B. Tauris & Co..

Owens, William. 2002. *Lifting the Fog of War*. Baltimore, MD: Johns Hopkins University Press.

Talmadge, Caitlin. 2015. *The Dictator's Army: Battlefield Effectiveness in Authoritarian Regimes*. Ithaca, NY: Cornell University Press.

Tilly, Charles. 1975. "Reflections on the History of European State-Making." Charles Tilly (ed.) *The Formation of National States in Western Europe*. Princeton, NJ: Princeton University Press. pp. 3~83.

제2장

Biddle, Stephen and Robert Zirkle. 1996. "Technology, Civil-Military Relations, and Warfare in the Developing World." *Journal of Strategic Studies*, Vol. 19, No. 2 (June).

Woods, Kevin et al.. 2006. *The Iraqi Perspectives Report: Saddam's Senior Leadership on Operation Iraqi Freedom from the Official U.S. Joint Forces Command Report.* Annapolis. MD: U.S. Naval Institute Press.

제3장

국방군사연구소. 1995. 『국방정책변천사, 1945~1994』. 서울: 국방군사연구소.

국방부. 1998. 『21세기를 대비한 국방개혁(1998~2002)』. 서울: 국방부.

_____. 1992. 『국방백서 1992-1993』. 서울: 국방부.

_____. 1991. 『국방백서 1991-1992』. 서울: 국방부.

_____. 1990. 『국방백서 1990』. 서울: 국방부.

_____. 1989. 『국방백서 1989』. 서울: 국방부.

_____. 1988. 『국방백서 1988』. 서울: 국방부.

국정홍보처. 2008. 『참여정부 국정운영백서⑤: 통일·외교·안보』. 서울: 국정홍보처.

공보처. 1997. 『변화와 개혁: 김영삼정부 국정5년 자료집(정치·외교·통일·국방)』. 서울: 공보처.

_____. 1992. 『제6공화국실록: 노태우대통령 정부5년(외교·통일·국방)』. 서울: 공보처.

권영근. 2013. 『한국군 국방개혁의 변화와 지속』. 서울: 연경문화사.

길정일. 2000.10.6. 「사이버시대의 안보개념의 변화」. 한국국제정치학회 추계학술회의 발표논문.

이민룡. 1996. 『한국안보 정책론』. 진영사.

이선호. 1993. 「한국의 국방백서, 무엇이 문제인가?: 국방백서의 실상을 진단한다」. ≪군사저널≫, 5월호.

이수형. 2009. 「중견국가와 한국의 외교안보정책: 노무현 정부의 동맹재조정 정책을 중심으로」. ≪국방연구≫, 제52권 제1호.

_____. 2002. 「노태우·김영삼·김대중 정부의 국방정책과 군사전략개념: 새로운 군
사전략개념의 모색」. 《한국과 국제정치》, 제18권 제1호.

_____. 2000.10.6. 「정보혁명의 정치·군사적 함축성과 정보전」. 한국국제정치학회
추계학술회의 발표논문.

이양구. 2013.12. 「국방개혁 정책결정과정 연구: 노무현 정부와 이명박 정부의 비교
를 중심으로」. 경남대학교 대학원 박사학위논문.

이정민. 1998. 「정보전쟁이 한국안보에 미치는 영향」 한국국제정치학회 1998년도
학술회의 발표논문.

장노순, 2001. 「합리적 억지이론의 한계: 정보전을 중심으로」. 《국제정치논총》, 제
41집 4호.

전 웅. 2000.4.15. 「정보화시대의 국가안보: 가상 정보전을 중심으로」. 한국국제정
치학회 춘계학술회의 발표논문.

정춘일. 2000.12.15. 「정보화시대의 전쟁양상」. 한국국제정치학회 연례학술회의 발
표논문.

Allision, Graham. 2000. "The Impact of Globalization on National and
International Security," in Joseph S. Nye Jr. and John D. Donahue (eds.),
Governance in a Globalizing World. Washington, DC: Brookings Institution
Press.

Arreguin-Toft, Ivan. 2001. "How the Weak Win Wars: A Theory of Asymmetric
Conflict," *International Security*, 26-1(Summer).

Arquilla, John and David Ronfeldt. 2000. *Swarming and the Future of Conflict*.
Santa Monica, CA: RAND.

Burt, Richard. 1976. "New Weapons Technologies: Debate and Directions,"
Adelphi Paper 126. London: IISS.

Creveld, van Martin. 1989. *Technology and War: From 2000 B.C. to the Present.*
New York: The Free Press.

Davis, Norman. 1997. "An Information-Based Revolution in Military Affairs," in
John Arquilla and David Ronfeldt, *In Athena's Camp: Preparing for Conflict
in the Information Age.* Washington, DC: RAND.

Freedman, Lawrence. 1998~1999. "The Changing Forms of Military Conflict,"
Survival, 40-4.

_____. 1998. "The Revolution in Strategic Affairs," *Adelphi Paper 318.* London:

IISS.

Garnett, John. 1992. "Why Have States Survived for so Long?" in J. Baylis and N. Rengger (eds.). *Dilemmas of World Politics: International Issues in a Changing World.* Oxford: Clarendon Press.

Grange, David L. 2000. "Asymmetric Warfare: Old Method, New Concern," *National Strategy Forum Review,* 10-2(Winter).

Guéhenno, Jean-Marie. 1988~1999. "The Impact of Globalization on Strategy," *Survival,* 40-4.

Hundley, Richard O. 1999. *Past Revolution and Future Transformations.* Washington, DC: RAND.

Keegan, John. 1993. *A History of Warfare.* New York: Knopf.

Kauhman, Daniel J. 1985. Jeffrey S. McKitrick, Thomas J Leney (eds.), *U.S. National Security: A Framework for Analysis.* Lexington, MA: Heath and Company.

Keohane, Robert and Joseph S. Nye. 2000. "Globalization: What's New? What's Not?(And So What?)," *Foreign Policy,* 118(Spring).

Krepinevich, Andrew. 1994. "Cavalry to Computer: The Pattern of Military Revolutions," *The National Interest,* 37.

Libicki, Martin C. 1998. "Halfway to the System of Systems," in Ryan Henry and C. Edward Peartree (eds.), *The Information Revolution and International Security.* Washington, DC: CSIS.

Lind, William(et als), "The Changing Face of War: Into the Fourth Generation," *Military Review,* 69-10(1989).

Mandelbaum, Michael. 1998~1999. "Is Major War Obsolete?" *Survival,* 40-4.

Metz, Steven. 2001. "Strategic Asymmetry," *Military Review* (July/August).

Nichiporuk, Brian and Carl H. Builder. 1997. "Information Technologies and the Future of Land Warfare," in John Arquilla and David Ronfeldt (eds.). *In Athena's Camp: Preparing for Conflict in the Information Age.* Washington, DC: RAND.

O'Hanlon, Michael. 2000. *Technological Change and the Future of Warfare.* Washington, DC: Brookings Institution Press.

Schwatzstein, Stuart J. D. 1996. "Introduction," in Stuart J. D. Schwatzstein(ed.), *The Information Revolution and National Security.* Washington, DC: CSIS.

Skolnikoff, Eugene B. 1993. *The Elusive Transformation: Science, Technology, and the Evolution of International Politics.* Princeton, NJ: Princeton University Press.

US DoD. 1992. *Conduct of the Persian Gulf War,* Final Report to Congress. Washington, DC: US GPO (April).

US Defense Science Board. 1997. *DoD Responses to Transnational Threats,* Vol. 1 Final Report. Washington, DC: US GPO (October).

제4장

고봉준. 2014. 「핵전략」, 군사학연구회 편. 『군사사상론』. 서울: 플래닛미디어.

_____. 2010. 「국가안보와 군사력」. 함택영·박영준 편. 『안전보장의 국제정치학』. 서울: 사회평론.

나종철. 2013a. 「미래전 대응을 위한 지상로봇 운용전략에 관한 연구(1)」, ≪국방과 기술≫, 제412호.

_____. 2013b. 「미래전 대응을 위한 지상로봇 운용전략에 관한 연구(2)」, ≪국방과 기술≫, 제413호.

노명화 외. 2013. 「디지털 전장구현을 위한 정보화 전문인력 육성 방안」. 국방대학 교 산학협력단 연구보고서.

박창희. 2011. 「한국의 '신군사전략' 개념: 전쟁수행 중심의 '실전기반 억제'」, ≪국가 전략≫, 제17권 3호.

박휘락. 2008. 「국방개혁에 있어서 변화의 집중성과 점증성: 미군 변혁(trans-formation)의 함의」. ≪국방연구≫, 제51권 제1호.

_____. 2007. 「능력기반 국방기획과 한국군의 수용방향」. ≪국가전략≫, 제13권 2 호.

신금석. 2006. 「합참대를 중심으로 한 합동성 강화 추진방안」, ≪합참≫, 제26호.

이상헌 외. 2015. 「무인로봇기술의 군사적 활용방안과 운용개념 정립」. 안보경영연 구원 연구보고서.

이상현. 2009.8. 「국방개혁 2020 조정안 평가」, ≪정세와 정책≫. 세종연구소.

한용섭·박영준·박창희·이홍섭. 2008. 『미·일·중·러의 군사전략』. 서울: 한울.

Arquilla, John and David Ronfeldt. 2000. *Swarming and the Future of Conflict.* Santa Monica, CA: RAND.

Arreguin-Toft, Ivan. 2001. "How the Weak Win Wars: A Theory of Asymmetric Conflict," *International Security*, Vol. 26, No. 1.

Bennett, Bruce W., Christopher P. Twomey, and Gregory F. Treverton. 1999. *What Are Asymmetric Strategies?* Santa Monicva, CA: RAND.

Breen, Michael and Joshua A. Geltzer. 2011. "Asymmetric Strategies as Strategies of the Strong." *Parameters*, Vol. 41, Issue 1.

Brooks, Risa. 2008. *Shaping Strategy: The Civil-Military Politics of Strategic Assessment.* Princeton, NJ: Princeton University Press.

Brooks, Stephen and William C. Wohlforth. 2002. "American Primacy in Perspective," *Foreign Affairs*, Vol. 81, No. 4.

Byman, Daniel, Matthew Waxman, and Charles Wolf. 2002. *The Dynamics of Coercion: American Foreign Policy and the Limits of Military Might.* Cambridge: Cambridge University Press.

Drew, Dennis M. and Donald M. Snow. 2006. *Making Twenty-First-Century Strategy: An Introduction to Modern National Security Processes and Problems.* Maxwell Air Force Base, AL: Air University Press.

Freedman, Lawrence. 2004. *Deterrence.* Malder, MA: Polity Press.

Goldman, Emily O. and Leslie C. Eliason (eds.). 2003. *The Diffusion of Military Technology and Ideas.* Stanford, CA: Stanford University Press.

Gongora, Thierry and Harald von Riekhoff (eds.). 2000. *Toward a Revolution in Military Affairs?: Defense and Security at the Dawn of the Twenty-First Century.* Westport, CT: Greenwood Press.

Hundley, Richard O. 1999. *Past Revolutions and Future Transformations.* Washington, DC: RAND.

Kissinger, Henry. 1994. *Diplomacy.* New York: Simon & Schuster.

Krepinevich, Andrew F. 2009. "The Pentagon's Wasting Assets: The Eroding Foundation of American Power." *Foreign Affairs* (July/August 2009).

_____. 1994. "Cavalry to Computer: The Pattern of Military Revolutions." *The National Interest*, No. 37.

Leslie, Stuart W. 1993. *The Cold War and American Science: The Military-Industrial-Academic Complex at MIT and Stanford.* New York: Columbia

University Press.

Lieber, Keir. 2005. *War and the Engineers: The Primacy of Politics over Technology.* Ithaca, NY: Cornell University Press.

Lobell, Steven E. 2002/3. "War is Politics: Offensive Realism, Domestic Politics, and Security Strategies." *Security Studies*, Vol. 12, No. 2 (Winter).

Lobell, Steven E., Norrin M. Ripsman, and Jeffrey W. Taliaferro (eds.). 2009. *Neoclassical Realism, the State, and Foreign Policy.* Cambridge: Cambridge University Press.

Mack, Andrew. 1975. "Why Big Nations Lose Small Wars: The Politics of Asymmetric Conflict." *World Politics*, Vol. 27, No. 2.

Metz, Steven and James Kievit. 1995. *Strategy and the Revolution in Military Affairs: From Theory to Policy.* Carlisle Barracks, PA: Strategic Studies Institute, U.S. Army War College.

Posen, Barry. 1984. *The Sources of Military Doctrine: France, Britain, and Germany Between the World Wars.* Ithaca, NY: Cornell University Press.

van Creveld, Martin. 1989. *Technology and War: From 2000 B. C. to the Present.* New York: The Free Press.

van Evera, Stephen. 1984. "The Cult of the Offensive and the Origins of the First World War," *International Security*, Vol. 9, No. 1 (Summer).

Wohlforth, William C. 2002. "U.S. Strategy in a Unipolar World," in G. John Ikenberry (ed.). *America Unrivaled: the Future of the Balance of Power.* Ithaca, NY: Cornell University Press.

Zakaria, Fareed. 1998. *From Wealth to Power: The Unusual Origins of America's World Role.* Princeton, NJ: Princeton University Press.

제5장

강종구 외. 2015. 「전투실험 분석을 위한 최적화 시뮬레이션 프레임워크」." ≪한국시뮬레이션학회 논문지≫, 제24권 제2호.

김정웅. 2013.2. 「보병무기체계의 작전운용성능 결정을 위한 전투실험 방법에 대한 연구」. 한국과학기술원 석사학위논문.

나동일. 2012.8. 「한국 육군 전투실험 체계 연구」. 한남대학교 국방전략대학원 석사학위논문.

문형곤 외. 2001. 『육군 전투실험 기술지원 2001』. 서울: 한국국방연구원.

_____. 2004. 『육군 전투실험 기술지원 2004』. 서울: 한국국방연구원.

_____. 2005. 『육군 전투실험 기술지원 2005』. 서울: 한국국방연구원.

_____. 2002. 『육군 전투실험 모형 운용 사업. 2002』. 서울: 한국국방연구원.

_____. 2003. 『육군 전투실험 모형 운용 사업. 2003』. 서울: 한국국방연구원.

박성화. 1999. 「韓國的 戰鬪實驗 槪念定立」. ≪군사평론≫, 제340호.

박양대. 2014. 「육군의 전투실험 신뢰성 향상 방안: 워게임 전투실험을 중심으로」. ≪圓光軍事論壇≫, 제9호.

박한빈. 2002. 「육군 디지털화 과정소개: 전투실험을 중심으로」. ≪군사평론≫, 제359호.

박형규. 2002.2. 「한국군의 전투실험(Warfighting Experiment)체계 정립방안 연구」. 한남대학교 행정정책대학원 석사학위논문.

유승근·문형곤. 2006. 『JANUS 모델 기술지원: 육군 전투실험 기술지원. 2006』. 서울: 한국국방연구원.

유종팔. 1999. 「전투실험사업의 추진방향」. ≪전투발전≫, 제95호.

육군교육사령부. 2013. 『미래보병여단 전투실험기법 연구: 2013 육군 전투실험발전 세미나』. 21세기군사연구소 편. 서울 : 21세기군사연구소.

육군교육사령부. 1997. 「미육군전투실험소」. ≪전투발전≫, 제83호.

육군대학 전투발전처 편. 2009. 「육군 전투실험의 위상 및 역할: 시험평가 및 분석평가와의 상관관계를 중심으로」. ≪군사평론≫, 제400호.

이종언 외. 2006. 「미래지향적인 전투실험 발전방향」. ≪군사평론≫, 제383호.

장기룡 외. 2003. 「모의분석을 통한 전투실험 발전방향」. ≪군사평론≫, 제362호.

장상철·정상윤. 2002. 「전투실험 활성화를 위한 모의분석체계 발전방안」. ≪국방정책연구≫, 제58호.

장상철. 2001. 『소부대 전투실험 종합분석모형 개발』. 서울 : 한국국방연구원.

정춘일·이명우. 2007. 「과학적 전투발전을 위한 전투실험 발전 방향」. ≪군사학연구≫, 통권 제5호.

제프리 바넷. 2000. 『미래전』, 홍성표 옮김. 서울: 연경문화사.

최상철. 2000. 「美 육군의 전투실험과 우리 軍의 과제」. ≪국방저널≫, 제318호.

한국전략문제연구소 편. 2002. 『미래 지상군의 주요전력시스템과 전투실험 방안』. 서울: 한국전략문제연구소.

한국전략문제연구소. 2007.『(2007 전투실험 세미나)육군 군 구조개혁 지원을 위한 전투실험』. 서울: 한국전략문제연구소.

_____. 2002.『국방 M&S와 전투실험 발전방안』. 서울: 한국전략문제연구소.

_____. 2000.『디지털 시대 전투실험과 군사기술 발전방향』. 서울: 한국전략문제연구소.

_____. 2015.『미래보병사단 전투실험 방법 연구: 2014 육군 전투실험발전 세미나』. 서울: 한국전략문제연구소.

_____. 2002.『부대 재설계를 위한 전투실험 방안』. 서울: 한국전략문제연구소.

_____. 2002.『한국적 전투실험 육성 및 발전정책』. 서울: 한국전략문제연구소.

_____. 2015.『2016년 전투실험 발전연구』. 서울: 한국전략문제연구소.

Biddle, Stephen. 1998. "The Past as Prologue: Assessing Theories of Future Warfare." *Security Studies*. Vol. 8. No. 1, pp. 1~74.

Cooper, Mathew. 1978. *The German Army 1933-1945: The Political and Military Failures*. New York: Scarborough House.

USACOM. 1999. "Joint Experimentation Campaign Plan 2000." September 30.

Frieser, Karl-Heinz. 2013. *The Blitzkrieg Legend: The 1940 Campaign in the West*. Annapolis, MD: Naval Institute Press, 2013.

찾아보기

지은이 (가나다순)

고봉준 충남대학교 평화안보대학원 군사학과 교수(학과장)로 재직 중이다. 서울대학교 외교학과에서 학사·석사 학위를 받고 미국 켄트 주립대학 정치학과에서 석사 학위(공공정책 전공)를, 미국 노터데임 대학 정치학과에서 박사 학위(국제정치 전공)를 받았다. 제주평화연구원 연구위원을 역임했으며 한국평화학회에서 총무이사를 맡고 있다. 『안전보장의 국제정치학』(공저, 2010), *Developing a Region: Sketching a Path Towards Harmony* (공저, 2011), 『위기와 복합: 경제위기 이후 세계질서』(공저, 2011) 등을 집필하였다.

마틴 반 크레벨드 Martin Van Creveld 이스라엘 히브리 대학(Hebrew University) 명예교수이다. 영국 런던 정치경제대학에서 박사 학위를 받았다. 세계에서 가장 유명한 군사사(軍事史) 및 군사전략 분야 전문가 중 한 사람으로서, 『보급전의 역사』, 『전쟁본능』, 『전쟁에서의 지휘』, *The Changing Face of War: Combat from the Marne to Iraq, The Land of Blood and Honey: The Rise of Modern Israel, The Evolution of Operational Art: From Napoleon to the Present* 등의 저서가 있다.

이근욱 서강대학교 정치외교학과 교수로 재직 중이다. 서울대학교 외교학과에서 학사 및 석사를 마치고 미국 하버드 대학에서 정치학 박사 학위를 받았다. 지은 책으로 『왈츠 이후』, 『이라크 전쟁』, 『냉전』, 『쿠바 미사일 위기』 등이 있다.

이수형 국가안보전략연구소(INSS) 책임연구위원으로 재직 중이다. 한국외국어대학교 정치외교학과에서 학사·석사·박사 학위를 받고 인하대학교 국제관계연구소 연구교수와 국가안전보장회의(NSC) 사무처 및 대통령비서실 통일외교안보정책실 행정관을 역임하였다. 『북대서양 조약기구(NATO)』, 『미국외교정책사: 루스벨트에서 레이건까지』(역서) 등을 집필했으며 주요 논문으로는 「정상외교의 유용성에 관한 고찰: 남북정상회담을 중심으로」(2002), 「9·11 뉴욕테러와 21세기 신전쟁」(2002), 「군사분야 혁명과 나토(NATO)의 방위능력구상: 동맹의 전력구조에 대한 함의」(2002) 등이 있다.

이장욱 서강대학교 정치외교학과 연구교수로 재직 중이다. 서강대학교 정치외교학과에서 박사 학위를 받았으며, 대통령 외교안보수석실 산하 대외전략비서관실 행정관을 지냈다. 『전쟁을 삽니다』 외 다수의 논저가 있다.

케이틀린 탈매지 Caitlin Talmadge 미국 조지워싱턴 대학 교수로 재직 중이다. 미국 매사추세츠 공과대학에서 박사 학위를 받고 미 국방부 총괄평가국(the Office of Net Assessment) 자문을 역임하였다. *The Dictator's Army: Battlefield Effectiveness in Authoritarian Regimes*, *U.S. Defense Politics: the Origins of Security Policy*(공저) 등을 집필하였다.

한울아카데미 1998
서강 육군력 총서 2

미래 전쟁과 육군력
ⓒ 서강대학교 육군력연구소, 2017

기획 서강대학교 육군력연구소　**엮은이** 이근욱
지은이 고봉준·마틴 반 크레벨드·이근욱·이수형·이장욱·케이틀린 탈매지
펴낸이 김종수　**펴낸곳** 한울엠플러스(주)　**편집책임** 배유진

초판 1쇄 인쇄 2017년 6월 5일　**초판 1쇄 발행** 2017년 6월 20일

주소 10881 경기도 파주시 광인사길 153 한울시소빌딩 3층
전화 031-955-0655　**팩스** 031-955-0656　**홈페이지** www.hanulmplus.kr
등록번호 제406-2015-000143호

ISBN 978-89-460-5998-6　93390

Printed in Korea.
※ 책값은 겉표지에 표시되어 있습니다.